Marlies Schneider

VON DUFT & RAUCH

Räucherstäbchen, Kegel & Co. selbst herstellen –
Schritt für Schritt zum natürlichen Räucherwerk

Freya Verlag –
unabhängig, familiengeführt, subventionsfrei, werteorientiert, grundsatztreu
Seit über 30 Jahren veröffentlichen wir Bücher, die unseren Überzeugungen entsprechen und ausschließlich einen positiven Beitrag für Mensch, Tier und Umwelt leisten.

Werden Sie Teil unserer Verlagsfamilie – wir wünschen Ihnen viel Freude mit diesem Buch.

www.freya.at

READ GLOBAL BUY LOCAL

MIX
Papier | Fördert gute Waldnutzung
FSC® C118234
FSC www.fsc.org

ISBN 978-3-99025-532-2

Cover: freya_art
Layout: freya_art, Mag. Regina Raml-Moldovan
Lektorat: Mag. Dorothea Forster
Fotos: Marlies Schneider, weitere siehe Seite 224

printed by GPS-Group

Marlies Schneider

Von Duft & Rauch

Räucherstäbchen,
Kegel & Co. selbst herstellen –

Schritt für Schritt zum
natürlichen Räucherwerk

freya

Inhaltsverzeichnis

Einleitung 9
Vorwort 11
Überblick über Räucherwerk 13
Räucherstäbchen 14
Räucherkegel 15
Räucherstäbchen heute 17
Natürliche oder synthetische Räucherstäbchen? 19
Farbstoffe im Räucherwerk 22

Kaliumnitrat – Salpeter 23
Mischverhältnis mit einer max. Lösung von 10 % 26
Mischverhältnis für Räucherstäbchen mit Bambuskern 27

Benötigte Materialien 31
Grundzutaten 31
Spezifische Zutaten könnten sein 31
Brennhilfe 32
Chaga-Pilz, eine luxuriöse Zutat 34
Buchenholzkohle, eine gute Brennhilfe 35

Holz- oder Gummibinder 37
Holzbindemittel 38
Kaulo-Pulver 39
Xiangnan pi-Pulver 39
Joss-Pulver 39
Laha oder Dar-Pulver 40
Weißes-Joss-Pulver 41
Tabu-no-Ki oder Makko-Pulver 41
Marlies' Grundbindemischung 43
Toh-Makko – japanisches Räucherpulver 44
Toh-Makko-Mischung 44
Echter Eibisch 45
Vielblütiges Salomonssiegel 46
Rot-Ulme 47
Japanische Ulme 48
Grundbindemischung I mit Makko- und Joss-Pulver 49
Grundbindemischung II mit Joss-Pulver und Gummibinder 49
Grundbindemischung III mit Joss-Pulver 49

Gummibindemittel 50
Gummi arabicum 51
Tragant-Gummi 51
Xanthan-Gummi 51
Guar-Gummi 52
Feuchte Mischung 53
Wann wird ein Holz- und wann ein Gummibinder verwendet? 54
Ungewöhnliche Bindemittel 55

Basismaterialien ... 56
Räucherhölzer aus dem Lebensmittelbedarf ... 59
Eichenrinden-Pulver ... 59
Basismischung I ... 60
Basismischung II ... 60
Luxuriöse Mischung ... 60
Traditionelle japanische Mischung ... 60

Fixativ ... 61
Nelkenpulver ... 62
Iriswurzel (Veilchenwurzel) ... 62
Aloeholz (Aloesholz, Agarholz) ... 62
Zimtpulver ... 62
Sandelholz ... 62
Kalmuswurzel ... 63
Benzoe-Harz ... 63
Weihrauchharz ... 63

Mischen von Pflanzenmaterial ... 64
Die Trockenmethode ... 64
Die Nassmethode gilt nur für Gummibinder ... 64
Grundmischung für Stäbchen ... 65
Grundmischung für Kegel ... 65

Experimentieren ... 67
Worauf sollte man achten? ... 67

Die Wahl der Zutaten ... 69
Stimmungsaufhellend ... 69
Neubeginn ... 70
Meditationen und Achtsamkeit ... 70
Schutz und Abwehr ... 70
Konzentrationssteigernd ... 70
Reinigung, Raumdesinfektion und Wohlgeruch ... 71
Heilunterstützende Zwecke ... 71
Rituale und Zeremonien ... 71
Entspannung und Regeneration ... 71

Die Duftkompositionen ... 73
Duftpyramide ... 74
Basisnote ... 74
Herznote ... 74
Kopfnote ... 74

Duftakkorde ... 75
Ausgewogenheit ... 75

Qualitätssicherung ... 76
GMP (Good Manufacturing Practice) – Gute Herstellungspraxis ... 76
IFRA-Standard-Protokoll ... 78

DIE BRENNPROBE **80**

Was bedeutet es, eine Spur zu ziehen? 81

Darum sollte man eine Spur ziehen .. 81

Anleitung zum Spurziehen *82*

FLÜSSIGKEITEN **85**

Welche Flüssigkeiten kann man verwenden? 87

Florida Water 88

Marlies' Variante von Florida Water *89*

Queen of Hungary's Water von 1370 90

Marlies' Variante von Aqua Hungarica *91*

Diverse Harz-Tinkturen 92

Sangre de Drago oder Drachenblut-Tinktur 93

Drachenblut-Tinktur *93*

Mastix-Tinktur 94

Mastix-Tinktur *94*

Friar's Balm 95

Marlies' Variante von Friar's Balm *95*

ZUBEHÖR **96**

DAS RICHTIGE MISCHVERHÄLTNIS **98**

HERSTELLUNG VON RÄUCHERWERK **99**

Räucherkegel 99

Schritt-für-Schritt-Anleitung *101*

Rückfluss-Räucherkegel 104

Schritt-für-Schritt-Anleitung *105*

Räucherstäbchen 106

Schritt-für-Schritt-Anleitung *106*

Räucherstäbchen ohne Holzkern 108

Räucherstäbchen mit Holzkern 110

Räucherpastillen oder andere Formen 110

Räucherkugeln 113

Schritt-für-Schritt-Anleitung *113*

Spezialformen 115

Räucherbomben 115

Räucherriegel 115

Gedipptes Holz 116

Sammeln – Kräuter, Harze und Gehölze ... 119

Naturschutz ... 119
Sammeln ... 120
Sammelzeit ... 123
Trocknen ... 124
Aufbewahren und lagern ... 127
Vorbereiten von Pflanzenmaterial ... 128

Formen und Formgeber ... 130

Loser Weihrauch ... 131

Farbspiel ... 133

Weitere pflanzenbasierte Farbpulver ... 134
Nicht lohnenswert, um einen Färbeversuch zu starten, sind ... 139

Finish ... 140

Wozu dient ein Finish ... 141

Trocknen des Räucherwerks ... 142

Lagern ... 145

Pflanzenmaterial ... 145
Harze ... 146
Kegel und Räucherstäbchen ... 146

Überblick Materialien ... 148

Duftende Hölzer ... 149

Adlerholz ... 149
Palo Santo ... 151
Echtes Sandelholz ... 152
Wacholder ... 156
Zedernholz ... 157
Zirbelkiefer ... 158
Rotes Chinarindenpulver ... 159
Tepezcohuite ... 160
Anantmul ... 161
Guajakholz ... 161
Sugandha Kokila ... 162
Linaloeholz ... 162
Kadeholz ... 163

Duftende Kräuter ... 164

Beifuß ... 165
Eukalyptus, Mostgummi ... 165
Lavendel ... 165
Echter Lorbeer ... 166
Minze ... 166
Rose ... 166
Rosmarin ... 167
Salbei ... 167
Wacholder ... 167

ARBEITSPLATZ EINRICHTEN 169

EINFACHE REZEPTE ZUM ÜBEN 170

Rosenhauch 171
Vanille-Weihrauch 172
Ruhe und Kraft 172
Rosenglut 173
Clean Spirit 174
Holz und Blüte 174
Cistrose und Korn 175
Kaffee und Gras 176
Gold und Rauch 177

SPEZIALTEIL 178

Gänsebirne 178
Gänsebirnen-Anleitung 179
Gänsebirnen-Grundmischung I 180
Gänsebirnen-Grundmischung II 182

Palo Santo 183
Palo Santo – getauchte oder gedippte Stäbe 183
Palo Santo unter der Lupe 183
Palo Santo zünden 186
Gedipptes Palo Santo und andere Hölzer 188
Makko-Paste 190
Joss-Paste 191
Joss-Paste mit Kohle 192
Gute-Stimmung-und-Reinigungs-Pops 192
Flying Mosquito 193
Teig fermentieren 194
Teig fermentieren in der Praxis 195
Zünden von Räucherwerk 196
Sicherheit und Risiken 196

REZEPTE – Stäbchen, Kegel & Co. 197

Traumtänzer 198
Moosgeflüster 200
Nebelkuss 203
Feenzauber 204
Götterdämmerung 206
Glasir von Asgard 208
Rising Luna oder Máni's Erwachen 210
Circe – die Verführerin 212
Mielikkis Reich 214
Drachentraum 216

Fehlerquellen 218
Über die Autorin 220
Bezugsquellen 221
Literaturverzeichnis 222

EINLEITUNG

Seit unzähligen Generationen begleitet das Räuchern die Menschen in ihrem Alltag. Ob als spirituelles Ritual, als Ausdruck von Kreativität oder einfach, um eine wohlige Atmosphäre zu schaffen – der Duft von Hölzern, Harzen und Kräutern vermag es, Körper, Geist und Seele zu berühren. Dieses Buch ist dein Einstieg in die unglaublich vielseitige Welt des Räucherwerks.

Gemeinsam machen wir uns auf den Weg, verschiedene Räucherarten kennenzulernen, und du erfährst, wie du mit einfachen Mitteln deine eigenen Räucherprodukte wie Kegel, Stäbchen oder Kugeln herstellen kannst.

Viele Bücher über die Kunst des Räucherns behandeln loses Räucherwerk. Traditionell legt man loses Räucherwerk auf glühende Kohle, wo es langsam verglimmt und seinen Duft entfaltet. Inzwischen interessieren sich aber viele Menschen für die Herstellung von Räucherstäbchen, Räucherkegeln oder Räucherpralinen. Denn diese Art des Räucherns ist für den Alltagsgebrauch besonders praktisch. Die Rauchentwicklung ist geringer und es ist keine Kohle dafür notwendig.

Auch ich wollte die Kunst der Räucherstäbchen-Herstellung beherrschen. Ich habe mich intensiv mit diesen Techniken befasst. Es hat viel Zeit gekostet und manchmal war ich am Rande der Verzweiflung. Ich dachte, ich bekomme das nicht hin. Jedoch: Aufgeben war keine Option und plötzlich war ich mit meinen Resultaten erfolgreich.

In diesem Buch geht es weniger um religiöse oder spirituelle Aspekte, sondern um die reine Technik, selbst brennbares Räucherwerk herzustellen. Das Ziel wäre, ganz ohne synthetische Zusätze auszukommen. Es geht auch nicht vordergründig um die Wirkung der einzelnen Pflanzen, sondern dieses Buch soll dir die Grundlagen für hochwertiges Räucherwerk liefern, welches ohne zusätzliche Brennhilfe auskommen kann.

Beim Räuchern spielt generell nicht nur der Duft eine zentrale Rolle. Materialien wie Kräuter, Harze und Hölzer tragen besondere Energien in sich und weisen unterschiedliche Eigenschaften auf. Egal, ob man Ruhe sucht, Inspiration braucht oder einfach nur dem Zuhause einen angenehmen Duft verleihen möchte – das Räuchern eröffnet einem unzählige Möglichkeiten.

Dieser Leitfaden nimmt dich an die Hand, zeigt dir, welche Materialien du benötigst, welche Werkzeuge dir die Arbeit erleichtern und wie du individuelle Räucherkreationen entwickeln kannst. Es ist sowohl ein praktischer Leitfaden als auch eine Quelle der Inspiration für Einsteiger.

Mach dich auf eine Welt voller Düfte und Magie gefasst. Diese wundervolle Welt der Inspiration wird nicht nur die Sinne und deine Seele beleben, sondern auch dein Herz berühren. Lass deiner Kreativität freien Lauf, das ist mir ein besonderes Bedürfnis. Dein selbst zusammengestelltes Räucherwerk ist einzigartig, so wie du selbst.

Räucherwerk zu kreieren, macht viel Spaß und ich hoffe, es bereitet dir genauso viel Freude wie mir. Dieses Buch soll ein Leitfaden für Hobbyisten sein. Auch für alle, die sich für dieses Thema interessieren und mehr daraus machen wollen.

VORWORT

In meinen Kursen sehe ich immer wieder Menschen, die wunderbare lose Räuchermischungen kreieren. Aber oft werde ich gefragt, wie man denn Räucherwerk herstellen kann, welches ohne synthetische Zusätze von selbst hinunterglimmt. Sehr viele Interessierte möchten gerne ihre eigenen Räucherstäbchen herstellen.

Ich nahm das zum Anlass, dieses Buch für euch zu schreiben. Denn selbst brennbares Räucherwerk kann zu einer Herausforderung werden, wenn man sich mit der Thematik nicht intensiv befasst hat. Ich möchte dir mit diesem Buch einen Leitfaden geben, um etwas mehr Verständnis für die Thematik von selbst brennbarem Räucherwerk zu erhalten.

Dieses Buch umfasst nicht die Fragen, warum man welche Pflanze verräuchern soll. Oder zu welchen Ritualen oder an welchen Tagen geräuchert wird. Dazu gibt es genug wunderbare Lektüre. Zudem geht es in diesem Buch nicht darum, ausschließlich heimische Pflanzen und Hölzer zu verwenden.

Es soll eine handwerkliche Anleitung für dich sein. Es soll dir helfen, die Erkenntnis zu erlangen, wie deine Mischungen sein sollten, um erfolgreich ein Räucherwerk herzustellen, ohne synthetische oder fragliche Zusätze. Es soll dir einen Überblick verschaffen, welche Bindemittel erforderlich sind und was es denn überhaupt für Möglichkeiten von Räucherwerk gibt.

Es soll dir helfen, die Kontrolle über dein Räucherwerk zu erlangen. Du weißt, was du für Material verwendet hast und was du verglimmst. Du kannst selbst entscheiden, für welchen Zweck du deine Räuchermischung kreierst. Du kannst selbst entscheiden, welche Pflanzen, Harze und Hölzer du verwenden möchtest. Ob einheimische Materialien oder ob auch exotische Materialien zum Einsatz kommen sollen, obliegt ganz dir.

BEGRIFFSERKLÄRUNG

Im Text wird der Begriff **Weihrauch** *nicht ausschließlich für klassisches* **Weihrauchharz** *verwendet. Vielmehr steht Weihrauch hier als Sammelbegriff für verschiedene Räucherwerke. Dazu gehören lose Räucherstoffe, Räucherstäbchen, Räucherkegel, Räucherpastillen sowie Pulver oder Pasten aus Pflanzenmaterial und Holz. Der Begriff Weihrauch stammt aus dem Althochdeutschen und bedeutet so viel wie heiliger Rauch oder geweihter Rauch.*

Wenn in diesem Buch von **Makko-Pulver** *gesprochen wird, ist in der Regel Machilus thunbergii gemeint. Ein typisches japanisches Holzbindemittel ohne jegliche aromatischen Zusätze. Eine eingehende Erläuterung findet man im Kapitel* **Holz- oder Gummibinder** *(Seite 37).*

Tabunokiwald (*Machilus thunbergii*)

Überblick über Räucherwerk

Seit Jahrtausenden nutzen Menschen Räucherwerk, um Räume zu reinigen, meditative Zustände zu fördern und die Umgebung mit angenehmen Düften zu erfüllen. Meist jedoch wurde für religiöse und spirituelle Zwecke geräuchert. Während das Verbrennen von losem Räucherwerk eine lange Geschichte hat, sind Räucherstäbchen, -kegel und -kugeln eine jüngere Entwicklung.

Weltweit wurden Weihrauchartefakte gefunden und sie scheinen in jeder Kultur ein wichtiger Teil gewesen zu sein (Oller, 2002).

Aus China stammen die ältesten bekannten Räucherstäbchen. Sowie aus Indien und Historiker vermuten auch aus Ägypten. Frühe Formen waren noch weit entfernt von gleichmäßig abbrennenden Stäbchen, wie wir sie heute kennen, und wurden geschichtlich erst spät entwickelt.

Das Wort Weihrauch, auf Englisch *Incense*, stammt aus dem Lateinischen und bedeutet *incendere*, mit der Bedeutung *verbrennen*. Archäologen entdeckten im Sudan eines der frühesten bekannten Weihrauchgefäße. Die Datierung geht auf 3300–3000 v. Chr. zurück.

In China wurde Weihrauch schon seit über 2000 Jahren für religiöse Zwecke, in der Medizin sowie der Ahnenverehrung verwendet.

Archäologische Funde belegen, dass ungefähr seit der Han-Dynastie (206–220 n. Chr.) importierte Duftstoffe verwendet wurden (Oller, 2002). Zudem wurden Bronze- und Keramikräuchergefäße benutzt und waren zu dieser Zeit bereits verbreitet. Einheimische Räuchermaterialien galten als Weihrauch der armen Leute.

Räucherstäbchen

Der Buddhismus spielte eine zentrale Schlüsselrolle bei der Verbreitung von Räucherwerk. Buddhistische Mönche sollen über die Seidenstraße die erste Form von Räucherstäbchen nach China gebracht haben. Der chinesische Dichter Yu Jianwu (487–551 n. Chr.) beschreibt in seinem Werk *Buch der Lieder* Räucherstäbchen erstmals (Bedini, 1994). Er erwähnt die Räucheruhr in Form von Stäbchen, mit denen man die Zeit messen konnte.

Erst im 6. Jahrhundert kam der Weihrauch durch den Buddhismus auch nach Japan. In Japan hatte man sich intensiv der Weihrauchkunst gewidmet und im Jahr 753 reiste der chinesische Mönch Jianzhen (auch als Ganjin bekannt) nach Japan (Liu, 2022). Mit ihm kam die Technik zur Fertigung von Räucherwerk ins Land. Er brachte buddhistische Schriften, medizinische Kräuter und Tee sowie aromatische Substanzen wie Adlerholz mit in das Land (Tian-Ye Du, 2022). So konnte hochwertiger Weihrauch bis zu 50 Komponenten oder mehr enthalten und reifte oft über mehrere Jahre. Es entwickelte sich zu dieser Zeit die Kunst des traditionellen Kodo, *Der Weg des Duftes*.

Buddha mit Stäbchen

Auch in China zur Zeit der Tan-Dynastie (618–907 n. Chr.) haben chinesische Meister die Kunst des Weihrauchs verfeinert, der für seine Qualität und seinen wundervollen Duft geschätzt wurde. Aber erst zur Song-Dynastie (960–1279 n. Chr.) werden Techniken beschrieben, bei denen Pulver in Matrizen oder konische Formen gedrückt wurde (Yen, 2022). Zur Ming-Zeit (14.–17. Jahrhundert) gibt es konkrete Erwähnungen von Stäbchen mit Kern, welche eine frühe Form unserer heutigen Räucherstäbchen darstellten.

Dabei handelte es sich um eine Variante des *selbst brennenden* Weihrauchs. Dieses Kunsthandwerk, das Wissenschaft und Ästhetik verbindet, wurde anschließend von geschickten chinesischen Meistern ununterbrochen verfeinert und perfektioniert.

Räucherkegel

Es wird angenommen, dass die ersten Varianten einer Art Räucherkegel vor mehreren Jahrhunderten in China hergestellt wurden, wahrscheinlich um die Zeit der südlichen und nördlichen Dynastien (420–581 n. Chr.). Beide Machtblöcke kämpften um das ganze Land. Das Land war politisch zersplittert, doch der Buddhismus erlebte seine Blütezeit. Diese Epoche war entscheidend für Räucherpraktiken.

Die Herstellung von Räucherkegeln entwickelte sich aus der Tradition des Verbrennens von Räucherstoffen, das dazu diente, spirituelle Rituale zu unterstützen. Hauptsächlich diente dieser Weihrauch göttlichen Ritualen. Vermutlich entwickelte sich die Idee, aus losem Weihrauch erste Kegel zu formen. Hinweise deuten darauf hin, dass es in der Zeit schon Tonformen gab, um Räuchermischungen in Form zu bringen. Allerdings sind auch hier gesicherte

Quellen äußerst spärlich. Es gibt heute noch Formen, bei denen loses Weihrauch-Pulver in Form gedrückt und anschließend verräuchert wird.

Ungefähr seit der Ming-Dynastie, welche von ca. 1338 bis 1644 andauerte, entstanden dann Ähnlichkeiten zu unseren heute bekannten Räucherkegeln. Diese waren eine neue Form von Räucherzutaten. Es entwickelten sich fortwährend andere Zwecke zum Räuchern, unter anderem die Reinigung der Luft und das Verbreiten von Wohlgeruch. Ursprünglich bestanden Räucherkegel meist aus einer Mischung aus Holzpulver und Harzen, die in die charakteristische Kegelform gebracht wurde, um ein gleichmäßiges Abbrennen zu gewährleisten.

Handelsübliche Räucherkegel, wie wir sie nun kennen und was wir darunter verstehen, gelten als eine Erfindung der Japaner aus dem 19. Jahrhundert und wurden unter anderem auf verschiedenen Weltausstellungen wie der Chicago-Weltausstellung 1893 vorgestellt (Oller, 2002).

Auch Indien spielt eine bedeutende Rolle in der Geschichte des Räucherwerks, als Heimat vieler wesentlicher Zutaten wie Sandelholz oder Myrrhe hat das Land eine lange Tradition in der Herstellung hochwertigen Räucherwerks.

Pulverkegel mit Messingformen

Die Seidenstraße war eine wichtige Handelsroute, über die viele Waren in die Welt exportiert wurden. Darunter befanden sich nicht nur Gewürze, sondern auch viele aromatische Stoffe sowie allerlei Harze wie Weihrauch.

Zudem bot Indien seine Rohstoffe der Welt an, was die Entwicklung von Weihrauch in anderen Kulturen maßgeblich beeinflusste.

Auch in Europa wurden Räucherkegel hergestellt. Es gibt historische Aufzeichnungen von 1750 aus Crottendorf im Erzgebirge (Chemie.de). Diese Tradition beruhte auf den Bedürfnissen von Bergleuten, die unter Tage arbeiten mussten. Wohltuende und positive Düfte waren eine Bereicherung für diese Menschen.

In Untersuchungen konnte festgestellt werden, dass diese Räucherkerzen aus Deutschland ein Gemisch aus duftenden Pflanzenmaterialien waren. Weiters wurden Holzkohle, vermutlich als Zunder, und Kartoffelstärke als Kleber verwendet.

Räucherstäbchen heute

Die Nachfrage nach Räucherstäbchen ist weltweit sehr hoch. Es ist längst eine große Industrie entstanden. Beim Verräuchern entstehen Rauchpartikel und chemische Verbindungen, die gesundheitliche Risiken bergen können.

Es gab mehrere wissenschaftliche Untersuchungen in Asien, die gezeigt haben, dass regelmäßige Exposition gegenüber dem Rauch von Räucherstäbchen das Risiko von Lungenkrebs erhöhen könne. Besonders betroffen sind Personen in geschlossenen Räumen. Auch Bluthochdruck und Feinstaub sind ein gängiges Problem (Chiang & Liao, 2006). Es gibt Duftstoffe, die in der EU nicht verwendet werden dürfen, aber in Ländern mit weniger strikter Regulierungsüberwachung schon. Ein bedenklicher Stoff wäre z. B. Musk-Ambrette (2,6-Dinitro-3-methoxy-4-tert-butyl-toluol), der mit neurotoxischen Effekten in Verbindung gebracht wird (Spencer, 1984). Seit 1990 gilt er in vielen Anwendungen als nicht zulässig. Durch Importe von Waren wie Räucherstäbchen, welche nicht klar ausgezeichnet sind, kann es passieren, dass ein bedenklicher Stoff in gewissem Maße enthalten sein kann.

Zudem muss erwähnt werden, dass bei diesen Studien nicht unterschieden wurde, ob das Räucherwerk aus Massenproduktionen oder von kleinen Manufakturen, die nur natürliche Substanzen verwenden, stammt (Huber, 2023).

Fakt ist, dass aber auch rein natürliches Räucherwerk Feinstaub erzeugt und die Lungen belasten könnte. Eine gute Durchlüftung ist daher unbedingt anzuraten. Im Regelfall machen wir das aber sowieso (Yadav, et al., 2022).

gekaufte Stäbchen

Natürliche oder synthetische Räucherstäbchen?

Ein großes Problem der Räucherstäbchen auf dem Markt stellt die Transparenz der Inhaltsstoffe dar. Oft wissen wir nicht, was für Stoffe oder welche Zusammensetzung im angebotenen Weihrauch enthalten ist. Massenhersteller stellen diese Informationen nicht zur Verfügung und auch kleine Manufakturen geben diese Daten so gut wie nicht an. Sehr langsam kommt etwas mehr Transparenz in die Thematik von Räucherwerk. Es gibt inzwischen einzelne Manufakturen, die einen Teil der Zutatenliste preisgeben. Wenige Firmen geben sogar alle Zutaten an.

Wenn man gezielt die Augen offen hält, fällt auf, dass auch kleine Manufakturen Zusätze wie Kaliumnitrat als Brennhilfe verwenden. Es ist selten, dass keine Brennhilfe eingesetzt wird. Sogar im DIY-Bereich kommt Kaliumnitrat zum Einsatz, garantiert es doch ein gleichmäßiges und zuverlässiges Abbrennen, welches die Zugabe so begehrt macht. Würde es nicht gleichmäßig abbrennen, wäre der Konsument unzufrieden.

Zudem gibt es einen Stoff namens Dipropylenglykolmethylether, kurz DPM genannt, mit einer Summenformel von $C_7H_{16}O_3$. Es ist ein komplexes Isomergemisch und gehört zur Gruppe der Glycolether.

Dabei handelt es sich um ein chemisches Lösungsmittel, welches häufig in der Herstellung von Räucherstäbchen verwendet wird, insbesondere um Duftstoffe zu binden und deren Haltbarkeit zu verlängern. In der Industrie findet man diesen Stoff als Lösungsmittel für Druckerfarben. DPM finden wir auch in Haushaltschemikalien und Kosmetika wieder.

Die Komponente DPM ist deshalb bei den Herstellern von Räucherwerk so beliebt, da man die ätherische Ölmenge in der Wirkung verdoppeln kann.

Ätherische Öle sind ein sehr exklusives Produkt, und wenn man die Wirkung verstärken kann, erspart man sich einiges an Herstellungskosten. Der Konsument versteht meist nicht, warum bei Räucherwerk erhebliche Preisgefälle vorhanden sind. Räucherstäbchen mit echten, ungestreckten ätherischen Ölen sind somit in einer deutlich höheren Preisklasse zu finden.

HIER SIND EINIGE VOR- UND NACHTEILE VON DPM:

Vorteile:

- **Effiziente Bindung von Duftstoffen**: DPM hilft, Duftstoffe gleichmäßig zu verteilen und zu stabilisieren, was zu einer konsistenten Duftabgabe führt.
- **Kosteneffizienz**: Es ermöglicht die Verwendung kleinerer Mengen teurer ätherischer Öle, da es deren Wirkung verstärken kann.
- **Längere Haltbarkeit**: Produkte, die DPM enthalten, neigen dazu, länger frisch zu bleiben, da es die Oxidation von Duftstoffen verlangsamt.
- **Besseres Aroma**: Durch die Zugabe von ätherischen Ölen duften unsere Stäbchen weniger *krautig*.

Die Nachteile dieses Stoffes sind jedoch ebenfalls zu überdenken und sprechen für sich.

Nachteile:

- **Gesundheitsrisiken**: Man vermutet, dass beim Verbrennen giftige Gase freigesetzt werden, die potenziell gesundheitsschädlich sind, insbesondere bei häufiger oder intensiver Nutzung.
- **Synthetische Herkunft**: DPM ist ein synthetisches Produkt, das nicht den Ansprüchen von Menschen entspricht, die natürliche und umweltfreundliche Alternativen bevorzugen.
- **Allergische Reaktionen**: Manche Menschen können empfindlich auf DPM reagieren, was zu Hautreizungen oder Atemwegsbeschwerden führen kann.
- **Es gibt keine Transparenz**, ob ein Hersteller nun DPM eingesetzt hat, um ätherische Öle zu fixieren, oder nicht.

Inzwischen gibt es genügend kleine Manufakturen, die bewusst auf solche Stoffe verzichten.

Laut dem Weihrauchexperten David Oller können einige Räucherstäbchen sogar gefährliche Chemikalien wie Formaldehyd absondern (Oller, 2002).

WIE KOMMT ES DAZU?

Oft wird Holzmehl aus der Sperrholzherstellung verarbeitet, was problematisch sein kann. Das hört sich zwar im ersten Augenblick nicht so schlecht an. Die Idee, Sperrholz als Basismaterial wieder zu recyceln, wäre nicht schlecht und es wäre eine günstige Zutat, welche sich aber für unsere Räucherstäbchen nicht eignet. Denn beim Verräuchern können Gase wie Formaldehyd freigesetzt werden. Somit sollte Sperrholz auf gar keinen Fall verwendet werden. In industrieller Massenware können wir die Zugabe von Sperrholz nicht nachvollziehen.

Zudem bedeutet der Begriff *natürlich* nicht zwangsläufig, dass keine chemischen Zusätze, wie Kaliumnitrat (Salpeter), enthalten sein können, die in den meisten der handelsüblichen Räucherwerke verwendet werden.

Synthetische Duftstoffe: Viele Menschen vermeiden den Kauf von Räucherstäbchen, da sie glauben, sie vertragen diese nicht. Die Resultate beim Verglimmen sind Übelkeit und Kopfschmerzen.

Dabei liegt das Problem meistens nicht an den verwendeten Kräutern, Harzen und Hölzern, sondern an den verwendeten synthetischen Duftstoffen. Hersteller greifen gerne auf naturidentische Duftstoffe zurück, da sie wesentlich billiger und intensiver sind. Es ist besser, man verzichtet darauf. Wenn du erst einmal deine eigenen Stäbchen hergestellt hast, wirst du schnell merken, dass Übelkeit und Kopfschmerzen nicht mehr auftreten.

Wer auf hochwertige und unbedenkliche Räucherprodukte Wert legt, sollte daher die Inhaltsstoffe genau prüfen. Auch wenn nicht alle Hersteller ihre Inhaltsstoffe komplett offenlegen, wächst die Zahl jener, denen eine gute Qualität und die Gesundheit des Konsumenten wichtig sind.

Kaliumnitrat ist da keine Ausnahme. Kaliumnitrat sorgt dafür, dass Räucherstäbchen gleichmäßig und zuverlässig abbrennen. Diese Substanz wird sehr viel auf dem Markt der Räucherwerk-Herstellung verwendet. Dabei handelt es sich um ein natürliches Material. Somit ist es nicht falsch, wenn ein Händler sein Räucherwerk als 100 % natürlich bezeichnet. Die Vor- und Nachteile dieser Substanz beschreibe ich im nächsten Kapitel. So kannst du entscheiden, ob du es verwenden möchtest oder nicht.

Farbstoffe im Räucherwerk

Wir finden manchmal schöne, bunte Räucherkerzen zu kaufen. Leuchtende Farben sollten einem zu denken geben. Oft bekommt man mit Pflanzenfarben solche brillanten und strahlenden Farben nicht hin. Zudem sind diese oft nur sehr kurz lichtecht und verbleichen schnell. Bei günstigem und farbbrillantem Räucherwerk kann es also vorkommen, dass synthetische Farbstoffe zugesetzt werden.

Du hast die volle Kontrolle nur dann, wenn du dein Räucherwerk selbst herstellst.

KALIUMNITRAT – SALPETER

Damit du auch über Kaliumnitrat Bescheid weißt, widme ich diesem ein eigenes Kapitel. Ob du es verwenden möchtest oder nicht, obliegt ganz deinem Ermessen.

Kaliumnitrat wurde erst mit der Kommerzialisierung von Weihrauchprodukten verwendet. Der Einsatz dieses Stoffes geht auf ca. 50 Jahre zurück.

Kaliumnitrat, umgangssprachlich als Salpeter bezeichnet, ist eine chemische Verbindung, welche die Formel KNO_3 aufweist. Hier sind einige wichtige Informationen dazu.

Kaliumnitrat

IST ES NATÜRLICH?

Ja, Kaliumnitrat kommt in der Natur vor. Es bildet sich als Mineral unter dem Namen *Nitrokalit* und kann als Ausblühung auf Böden oder Gesteinen gefunden werden. Dabei handelt es sich um ein Nitrat, also ein Salz der Salpetersäure. Es wird jedoch auch synthetisch hergestellt. Und zwar wird Kaliumnitrat durch die Umsetzung von Kaliumhydroxid (KOH) oder Kaliumcarbonat (K_2CO_3) mit Salpetersäure (HNO_3) hergestellt.

ZUSAMMENSETZUNG

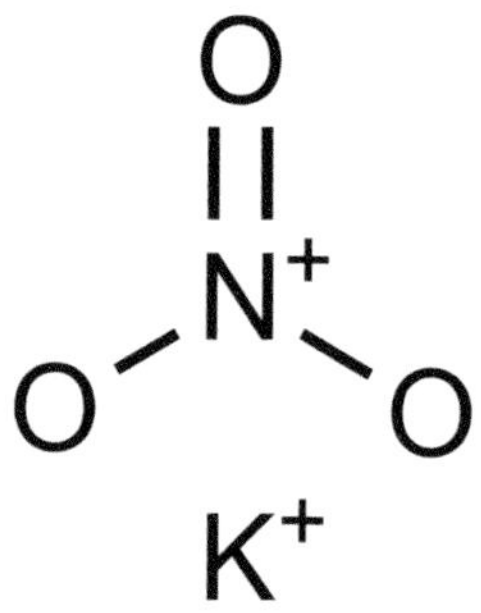

Es ist ein Salz der Salpetersäure und besteht aus:

- Kalium (K): Ein essenzieller Nährstoff für Pflanzen.
- Nitrat (NO_3): Eine Stickstoffquelle, die für das Pflanzenwachstum wichtig ist.

Die chemische Formel von Kaliumnitrat ist somit: KNO_3.

VERWENDUNG

- **Düngemittel**: Es wird häufig in der Landwirtschaft verwendet, da es Pflanzen sowohl Kalium als auch Stickstoff liefert.
- **Lebensmittel**: Als Konservierungsmittel (E 252) wird es in Fleischprodukten wie Schinken und Salami eingesetzt, um Farbe und Geschmack zu bewahren.
- **Feuerwerkskörper und Sprengstoffe**: Aufgrund seiner oxidierenden Eigenschaften ist es ein wichtiger Bestandteil von Schwarzpulver und Feuerwerkskörpern.
- **Solarenergie**: Hier wird es in Wärmeträgersalzen verwendet, um Wärme in solarthermischen Kraftwerken zu speichern.
- **Glas- und Tabakindustrie**: Es dient als Oxidationsmittel und wird in der Herstellung von Zündhölzern und Tabakprodukten eingesetzt.
- **Räucherkohle**: In der von uns verwendeten Räucherkohle wird Kaliumnitrat als Schnellzünder bzw. Brennhilfe eingesetzt.

VORTEILE UND NACHTEILE

Vorteile:

- Es ist vielseitig einsetzbar und natürlich vorkommend. In der Landwirtschaft fördert es das Pflanzenwachstum.
- Es unterstützt dein selbst gemachtes Räucherwerk beim gleichmäßigen Abbrennen.
- Es wird in der Käseproduktion verwendet, um Reifungsfehler zu vermeiden.
- Es wird in der Lebensmittelbranche verwendet, um Farbe und Geschmack zu gewährleisten.

Nachteile:

- Übermäßiger Einsatz kann zu Umweltproblemen wie Eutrophierung führen, wenn es in Wasserwege gelangt. Kurz gesagt, es kommt zu einer Überdüngung. In hohen Dosen kann es gesundheitsschädlich sein.
- Kaliumnitrat in unserer Räucherkohle steht im Verdacht, mit der Zeit die Lungen zu schädigen. Besonders wenn wir es immer und immer wieder einatmen. Ganz eindeutige Angaben, ob das tatsächlich so ist, gibt es allerdings keine. Es gibt jedoch Untersuchungen, die zeigen, dass es sich bei hohen Temperaturen zersetzen kann, und zwar in Nitrit (KNO_2) und Sauerstoff. Das Nitrit kann weiter zerfallen und es können gasförmige Stickstoffoxide wie NO und NO_2 entstehen. Fairerweise muss man sagen, dass nicht klar ist, ob wir mit unserem Räucherwerk diese Reaktionen bzw. die nötige Hitze überhaupt erreichen.
- Im Allgemeinen kann das Hinzufügen von Kaliumnitrat eine unnötige Komplikation verursachen. Kaliumnitrat hat eine negative Eigenschaft, denn es ist ein Oxidationsmittel; das heißt, es trägt dazu bei, dass während des Brennvorgangs zusätzlicher Sauerstoff zugeführt wird (Neal).

Das bedeutet, es verursacht dieselbe Wirkung, als ob wir ein Feuer schüren würden. Die Folge davon ist, dass unser Weihrauch zu heiß wird und zu schnell abbrennen kann. Da ein zu schnelles Abbrennen den Duft beeinträchtigt, ist das meistens nicht erwünscht. Dieses Phänomen ist vielleicht schon einmal aufgefallen, wenn man den Weihrauch etwas zu früh auf die Kohle legt. Er verbrennt sehr schnell, statt langsam zu glimmen. Mir ist das zu meinen Räucheranfängen tatsächlich schon passiert.

Gibt nun ein Händler an, sein Räucherwerk ist zu 100 % natürlich, kann trotzdem Kaliumnitrat enthalten sein.

Möchtest du Kaliumnitrat für dein Räucherwerk verwenden, solltest du eine maximale Lösung von 10 % nutzen, um deine Mischung für dein Räucherwerk herzustellen.

Es ist wichtig, die Dosierung einzuhalten, sonst kann es zu stark brennen. Es handelt sich um einen Gefahrstoff. Kaliumnitrat bekommt man in kleinen Mengen in der Apotheke oder im Lebensmittelbedarf (zum Pökeln).

REZEPT

Mischverhältnis mit einer max. Lösung von 10 %

- 50 ml heißes Wasser
- 5 g Kaliumnitrat

Das Kaliumnitrat wird im heißen Wasser gelöst.

Diese Mischung ist gering, so dass das Kaliumnitrat beim Verräuchern nicht stinkt wie bei einer Räucherkohle. Es ist ausreichend genug vorhanden, damit du ein gleichmäßiges Abbrennen erreichen kannst. Durch die geringe Menge wird ein zu heißes oder zu schnelles Abbrennen verhindert.

Achtung: Verwendest du zu viel Gummibinder, brennt es samt Kaliumnitrat nicht gleichmäßig oder nur sehr schwer ab.

Dein ausgewähltes Pflanzenpulver samt Binder wird in einer Schüssel gut gemischt und mit dem Lösungsmittel befeuchtet. Es soll sich wie nasser Sand anfühlen. Mehr benötigt es davon nicht. Damit ein Teig optimal geformt werden kann, gibst du nun noch etwas Flüssigkeit wie Wasser oder Hydrolat hinzu. Aus dem Teig kann dein Räucherwerk geformt werden.

Optional kannst du dein Pflanzenpulver nach der Zugabe des Kaliumnitrats trocknen lassen. Wieder pulverisieren und erst jetzt mit Bindemittel und Wasser zu Räucherwerk verarbeiten. Ich habe beide Varianten ausprobiert und sie funktionieren tadellos. Allerdings war das noch zu der Zeit, als ich annahm, ohne Kaliumnitrat schaffe ich kein selbst brennbares Räucherwerk. Ich will ehrlich sein, ich war manchmal kurz vor dem Aufgeben.

REZEPT

Mischverhältnis für Räucherstäbchen mit Bambuskern

Hierbei ist das Mischverhältnis bei maximal 20 % Lösung. Die Mischung muss etwas höher dosiert sein, da nur der Bambuskern mit dem Lösungsmittel durchtränkt wird.

- 50 ml heißes Wasser
- 5–10 g Kaliumnitrat

Das Kaliumnitrat wird in heißem Wasser gelöst. Anschließend gibt man das Lösungsmittel in ein Reagenzglas.

Die Bambusstäbchen werden im Lösungsmittel durchtränkt und anschließend getrocknet, für eine spätere Verwendung.

Bei Bedarf werden die Stäbchen mit dem Räucherteig ummantelt.

BEACHTE BEI DER VERWENDUNG VON KALIUMNITRAT

Kaliumnitrat ist sehr stark auf das Element Feuer ausgerichtet. Wenn du also Kaliumnitrat in allen Räucherungen verwenden möchtest, werden deine gesamten Arbeiten auf dieses Element ausgerichtet. Wenn das Feuer mit deiner Magie nicht übereinstimmt, ist die Zugabe von Kaliumnitrat nicht ideal.

TIPP

Bitte beachte, dass die handelsübliche Kohle zum Räuchern fast immer mit Kaliumnitrat durchtränkt ist und als Schnellanzünder dient. Hierbei sollte die Kohle am besten im Freien angezündet werden, damit man den Geruch nicht einatmet und im Wohnraum hat. Das Räuchergut wird erst auf die Kohle gelegt, wenn die Kohle einen grauen Asche-Film aufweist.

Der Nachteil der Kohle mit Kaliumnitrat ist allerdings deutlich zu sehen, denn sie wird sehr heiß und ein Harz verbrennt. Dies ist der hohen Brenntemperatur der Kohle geschuldet. Für einen feinen Duft sollte es schön verglimmen. Man könnte dem entgegenwirken, indem man auf die grau überzogene Kohle ein Mica-Plättchen legt. Damit ist das Harz nicht direkt mit der Kohle in Kontakt und kann schmelzen, statt zu verbrennen. Du wirst feststellen, dass der Duft viel balsamischer und edler hervortritt.

IST RÄUCHERWERK OHNE BRENNHILFE MÖGLICH?

Ja, das ist möglich. Obwohl mich mein Weg manchmal an seine Grenzen gebracht hat und ich ab und zu schon aufgeben wollte, habe ich festgestellt, dass es funktioniert. Ich gebe zu, es ist nicht einfach und man muss die verwendeten Zutaten gut im Blick haben. Jede neue Kreation ist eine Herausforderung, aber es macht viel Spaß.

Es ist nötig, die Zutaten genau abzuwiegen und alles genau zu notieren. Das ist besonders wichtig, damit man weiß, wo man Änderungen vornehmen muss, im Falle, dass das Räucherwerk nicht brennt.

Tatsächlich gibt es auch Kohle zum Räuchern ohne Salpeter.
Dabei handelt es sich um japanische Holzkohle. Sie ist frei von Zusätzen, allerdings nicht sonderlich günstig. Ich habe folgende Marken gefunden: Shoyeido oder Hookah Char Coal. Diese Kohlen gibt es in Räucher-Shops oder Shisha-Shops zu erwerben, aber auch im Onlinehandel. Diese Räucherkohlen werden oft aus japanischem Holz oder Bambus hergestellt. Es bedarf eines längeren Anzündens, bis die Kohle glüht.

Es ist günstiger, reine Buchenholzkohle aus dem Garten- oder Grillhandel zu kaufen.

japanische Holzkohle

BENÖTIGTE MATERIALIEN

GRUNDZUTATEN

- Pflanzliche Harze (z. B. Weihrauch, Myrrhe, Fichtenharz, Lärchenpech, Copal, Mastix)
- Holzpulver (z. B. Sandelholz, Zedernholz, Adlerholz, Olivenholz, Eichenrinde)
- Kräuter und Gewürze (z. B. Salbei, Lavendel, Zimt, Rose, Jasmin, Nelken, Minzen, Beifuß)
- Bindemittel (z. B. Gummibinde- oder Holzbindemittel)
- Wasser

SPEZIFISCHE ZUTATEN KÖNNTEN SEIN

- Buchenholzkohle (in Pulverform oder Chips, 100 % rein)
- Bambusstäbchen oder dünne Holzstäbchen
- Honig oder ein Glycerit (Glycerin-Mazerat) (zum Formen von Kugeln) als Co-Bindemittel oder Honig als Aromageber. Glycerin sollt nur maximal 0,5 bis 1 % ausmachen. Es verzögert das Brennverhalten.
- Kaliumnitrat als Brennhilfe, wenn unbedingt erwünscht.
- Hydrolate, Tinkturen, Wein, Tee, Kaffee usw. statt Wasser
- Ätherische Öle (optional, für zusätzlichen Duft)

BRENNHILFE

Die Vor- und Nachteile von Kaliumnitrat habe ich erläutert. Das Ziel ist es, auf diese Substanz gänzlich zu verzichten.

Damit das auch möglich ist, benötigen wir eine andere Brennhilfe als Ersatz. Es stellt sich also die Frage, was sich dafür eignet.

Eine Alternative zu Kaliumnitrat wären Gewürznelken.
Carl Neal empfiehlt Gewürznelken (Neal). Jedoch haben auch die Gewürznelken ihre Tücken. Sie weisen einen sehr intensiven und dominanten Geruch auf, der nicht immer passt. Beachte, energetisch wird auch die Gewürznelke dem Feuer zugeordnet. Je nach Tradition kann es aber auch eine Mischung aus Feuer und Erde sein. Als alleinige Brennhilfe kann ich mich nicht dafür begeistern. Ich verwende es nur als Aromageber mit dem Vorteil, das Brennverhalten optimal zu unterstützen.

Eine weitere Alternative wäre Holz, denn Holz brennt gut.
Man kann unterschiedliche Hölzer verwenden, vorausgesetzt, sie werden zu Pulver zermahlen. Holzpulver finden wir in unserer Basismischung wieder.

Brennhilfen

Mit Holzpulver haben wir die Möglichkeit, die Brenndauer und Brenneigenschaft zu steuern.

Besonders beliebt als Basisholz ist Buchenholzmehl.
Das ist eine perfekte Zutat in unserem Räucherwerk und es ist leicht erhältlich. Buchenholzmehl brennt gut und hat kaum einen Eigengeruch. Weiters kaufe ich mir im Grillhandel klein geschredderte Hölzer, die für Lebensmittelräucherungen verwendet werden. Diese Hölzer lassen sich in einem Hochleistungsmixer zu Pulver verarbeiten, da sie oft schon etwas zerkleinert angeboten werden.

Wurzelholz eignet sich auch hervorragend.
Recht bekannt sind dabei Alant-Wurzel, Meisterwurz-Wurzel oder Angelika-Wurzel, welche gerne und viel bei Räucherungen verwendet werden. Auch diese Zutaten können zu den Hölzern gezählt werden. All diese Brennhilfen zählen wir zu den Basismaterialien.

TIPP

Eibisch-Wurzel und Salomonssiegel-Wurzel sind nicht nur gut in ihrer Brenneigenschaft, sondern eigenen sich auch als Holzbinder. Besonders Kegel lassen sich damit formen. Für Stäbchen sind diese Wurzeln nicht geeignet, da die Klebeeigenschaft dafür nicht ausreicht.

Wer einen Garten hat, kann alle möglichen Gehölze verwenden. Es kann aber anstrengend sein, diese zu zerkleinern, zu trocknen und anschließend zu Pulver zu verarbeiten.

Das Holzpulver wird nach der Zerkleinerung gesiebt. Das feine sowie das grobe Holzpulver werden in separaten Gläsern aufbewahrt.

Ich verwende ganz gerne Mandelholz, Zitronenholz, Olivenholz, Eichenrinde, Sandelholz rot und weiß, Adlerholz, Zedernholz, Kiefernholz, Zirbenholz, Palo Santo, Apfelholz, Kirschholz und Nussholz.

Wusstest du, dass du Zapfen von Kieferngewächsen verwenden kannst?
Ausgereifte Zapfen wie Pinienzapfen, Fichtenzapfen, Föhrenzapfen, Latschenzapfen und Co. werden zerkleinert und pulverisiert. Auch sie ergeben ein gut brennbares Holzpulver. Oftmals sind diese Zapfen noch ein bisschen harzhaltig. Dies sollte berücksichtigt werden, wenn zusätzlich Harze zum Einsatz kommen sollen. Denn zu viel Harz kann die Brennbarkeit deiner Mischung wiederum negativ beeinflussen.

CHAGA-PILZ, EINE LUXURIÖSE ZUTAT

Inonotus obliquus

Auch bekannt unter dem Namen Schiefer Schillerporling. Der Chaga-Pilz kann als Brennhilfe dienen und eignet sich wunderbar als Ergänzung in einer Grundmischung.

Chaga-Pilz

Es handelt sich um einen parasitären Pilz, welcher hauptsächlich auf Birken zu finden ist. Auffindbar ist dieser Pilz in kälteren Klimazonen wie Nordeuropa, Sibirien oder Russland. Er wird zu den heilkräftigen Baumpilzen gezählt.

In indigenen Kulturen wurde der Chaga-Pilz wegen seiner brennbaren Eigenschaften sehr geschätzt. Das Volk der Cree aus dem Nordwesten Kanadas verwendete den Chaga als Räucherwerk aufgrund seines süßen Geruchs (Native American Museum, 2021). Oft wurde Chaga in Kombination mit Tabak verwendet, um dessen Verglimmen zu gewährleisten und zu verbessern (Fordjour, 2023). Als Zutat in Räucherwerk kaufe ich mir den Pilz in Pulverform.

BUCHENHOLZKOHLE, EINE GUTE BRENNHILFE

Fagus sylvatica

Bei der Rotbuche handelt es sich um eine heimische Baumart mit einer weiten Verbreitung. Besonders in Vorarlberg haben wir große Bestände an Buchenwäldern. Bei der aus dem Holz gewonnenen Kohle handelt es sich um verkohltes Holz. Sie wird durch einen Pyrolysevorgang von Buchenholz gewonnen. Dabei werden Wasser, Harze und flüchtige Stoffe weitgehend entfernt.

Buchenholzkohle wird sehr oft als Brennhilfe auch in kommerziellen Räucherwerken verwendet. Sie ist besonders gut geeignet, da Buchenholzkohle eine hohe Dichte und einen geringen Ascheanteil aufweist. Durch die hohe Energiedichte liefert sie uns eine lange konstante Brennbarkeit. Man erhält eine gleichmäßige, lang anhaltende Glut und eine konstante Temperatur. Dies macht sie besonders ideal für Räucherwerk. Kräuter, Harze und Hölzer können somit langsam verglimmen , statt zu verbrennen. Ein weiterer Vorteil von Buchenholzkohle ist, dass sie raucharm ist. Zudem ist sie recht geruchsneutral und überlagert nicht unsere Duftkreationen.

Buchenholzkohle in kleinen Stücken bekommt man im Gartenhandel. Besonders in Kakteengärtnereien wird Buchenholzkohle benötigt und ist recht preiswert. Wichtig ist, dass es sich um eine reine Buchenholzkohle handelt, frei von jeglichen Zusätzen. Ich kaufe sie als Granulat aus dem Gartenmarkt und verarbeite sie selbst zu Pulver.

Holzbindemittel

Holz- oder Gummibinder

WAS IST EIN BINDEMITTEL?

Das Bindemittel ist der *Klebstoff*, der dafür sorgt, dass deine Räuchermischung ihre Form behält.

Wir unterscheiden zwischen zwei grundlegenden Arten von Bindemitteln: Holzbindemittel und Gummibindemittel

> *Bindemittel werden verwendet, um die Mischung zusammenzuhalten.*

In den meisten Fällen handelt es sich um schleimstoffhaltiges Material, das aus vielen botanischen Quellen gewonnen werden kann. Dieses Material wird mit Duftstoffen und Wasser vermischt. Der Schleim aus dem nassen Bindepulver hält den Duftstoff zusammen, während die Zellulose im Pulver verbrennt und beim Anzünden eine stabile Glut bildet. Das trockene Bindepulver macht grob gesagt etwa 10 bis 30 % des Trockengewichts des fertigen Weihrauchs aus. Aber Achtung: Ganz so pauschal darf man das nicht sehen. Es kommt immer auf die Pflanzenmischung und den verwendeten Binder an.

Um dich für einen geeigneten Binder zu entscheiden, solltest du dir vorab Gedanken machen, welches Räucherwerk du herstellen möchtest.

- Stäbchen benötigen idealerweise einen Holzbinder oder ein Gemisch aus Holzbinder und Gummibinder.
- Kegel und Kugeln können bedenkenlos mit einem alleinigen Gummibinder hergestellt werden.
- Die Stäbchenformung ist nicht mit jedem Gummibinder möglich.

Holzbindemittel

Holzbindemittel sind seit jeher eine traditionelle und bewährte Wahl für die Herstellung von Weihrauch und werden aufgrund ihrer natürlichen Eigenschaften seit langer Zeit bei der Verarbeitung von Räucherstoffen verwendet.

Bindemittel wie Tabu-no-Ki oder Joss-Pulver werden direkt aus Holz von Bäumen gewonnen und sind die bekanntesten Holzbinder.

Da sie aus Holz hergestellt werden, können sie auch als Basismaterial dienen. Beide Bindemittel haben keinen starken Eigengeruch, können aber Gerüche aus den umgebenden Materialien aufnehmen, weshalb es ratsam ist, Holzbindemittel nicht in der Nähe stark duftender Materialien aufzubewahren. Ich lagere diese in luftdicht verschließbaren Gläsern.

Holzbindemittel sind im Allgemeinen einfach zu verwenden. Man sagt, im Durchschnitt beginnt man die Arbeit an einer neuen Rezeptur mit ungefähr 20 oder 30 % des Materials als Holzbinder. Dies ist allerdings nur ein Richt-

Joss-Pulver

wert und stark abhängig von der gewünschten Form des Räucherwerks. Die Menge des benötigten Bindemittels kann dann angepasst werden, bis sowohl der Duft als auch die Konsistenz des Räucherwerks perfekt sind. Obwohl Holzbindemittel im Allgemeinen einen sehr leichten Duft haben, sind sie nicht völlig geruchlos.

Leider sind bis auf das Joss-Pulver fast alle Holzbindemittel sehr schwer bis gar nicht in Österreich erhältlich. Trotzdem möchte ich dir aufzeigen, welche Holzbinder es überhaupt gibt. Zu den Holzbindemitteln gehören:

KAULO-PULVER

Machilus odoratissima aus der Familie der *Lauraceae.*

Dieser Baum findet sich in tropischen und subtropischen Regionen wie Nepal, Bhutan, Indien, Pakistan, Myanmar und Malaysia wieder. Er wird auch als *Fragant Bay Tree* bezeichnet.

XIANGNAN PI-PULVER

Machilus nanmu, hergestellt aus der Rinde von Bäumen der Familie der *Lauraceae* wie *Machilus nanmu*, aber auch *Machilus zuihoensis.*

Diese Bäume wiederum kommen in Taiwan vor. In China ist dieses Pulver auch unter dem Namen Nanmu bekannt.

JOSS-PULVER

Litsea glutinosa aus der Familie der *Lauraceae.*

Weitere Namen sind Jiget, Jigit, Jiggat, Jiggit, Laha, Nanmu, Makko oder auch Josh. Joss-Pulver stammt von der grünen und roten Rinde des *Litsea glutinosa*-Baums und auch aus dessen Blättern, der in Südostasien verbreitet ist. Die hellere Farbe, welche gelblich ausfällt, ist auf die geringere Konzentration von dunklen Harzen und Tanninen in der Rinde zurückzuführen. Zudem wird Joss-Pulver feiner gemahlen und weniger intensiv verarbeitet, was die hellere Erscheinung unterstützt. Es kann auch ein paar natürliche Harze enthalten.

Die Einsatzkonzentration liegt zwischen 10 und 30 % und ist stark abhängig von den gewünschten Inhaltsstoffen und der Formgebung.

Bei einer hohen Konzentration an Harzen kann der Anteil sehr hoch dosiert werden und 80 % betragen. Joss-Pulver ist ein recht starkes Holzbindemittel.

LAHA ODER DAR-PULVER

Litsea glutinosa aus der Familie der *Lauraceae.*

Es ist auch ein Pulver auf Rindenbasis des Taglorbeerbaums wie Joss-Pulver. Es wird in Nepal, Tibet und anderen ostasiatischen Ländern verwendet.

Laha weist eine dunklere Farbe auf im Vergleich zu Joss-Pulver, obwohl es von derselben Pflanze stammt. Dies variiert nämlich je nach Gewinnung und Standort.

Laha oder Dar-Pulver

WEISSES-JOSS-PULVER

Cinnamomum subavenium aus der Familie der *Lauraceae.*

Es wird auch als chinesischer Zimt bezeichnet. Das Vorkommen dieses Baumes liegt im süd- und ostasiatischen Raum wie Bangladesch, Myanmar, Südchina, Kambodscha, Sumatra usw.

Verwendet wird davon 1 Teil weißes Joss-Pulver und 5 Teile Holzpulver. Auch dieses Pulver weist kaum einen Eigengeruch auf. Es ist eine ideale Alternative zu Makko-Pulver, aber leider ist es in Europa so gut wie nicht erhältlich.

TABU-NO-KI ODER MAKKO-PULVER

Machilus thunbergii (japanisch als Tabu-no-Ki, auch im Chinesischen als Nanmu-Pulver bezeichnet) aus der Familie der *Lauraceae.*

Weitere Bezeichnungen wären Roter Machilus oder Japanischer Lorbeerbaum. Verwendet wird auch hier die gemahlene Rinde, die man oft einfach als Tabu bezeichnet. Diese Pflanzen findet man in Ostasien wie Japan, Korea und China.

Tabu-no-Ki oder Makko

Es ist in vier verschiedenen Qualitäten erhältlich. Besonders hochwertige Qualitäten sind weniger aromatisch als die niederen Qualitäten. Mischt man dieses Pulver mit anderen Zutaten, hat es die Eigenschaft, seinen eigenen Geruch fast komplett aufzulösen.

Die Einsatzkonzentration könnte so ausschauen:
10 bis 15 % Tabu no-Ki, wenn es mit feinem Holzpulver vermischt wird, und bis zu 30 % mit gröberem Holzpulver.

Um Stäbchen mit dem Extruder verwenden zu können, muss etwas mehr Bindemittel hinzugefügt werden im Vergleich zu Kegel. Denn *Machilus thunbergii* gilt nur als mittelstarkes Holzbindemittel.

DER BEGRIFF MAKKO

Dieser Begriff kann zu Verwirrungen führen, denn er wird für mehrere Produkte verwendet. Der Begriff Ma-koh stammt aus dem Japanischen und bedeutet einfach Weihrauch-Pulver. Weltweit wird der Begriff Makko für alle möglichen pulverisierten Zubereitungen verwendet. Achte beim Kauf unbedingt auf die botanische Bezeichnung, um tatsächlich Machilus thunbergii zu erhalten. Im allgemeinen Sprachgebrauch – besonders bei japanischen Herstellern – ist unter dem Wortlaut Makko tatsächlich das reine Rindenpulver von Machilus thunbergii gemeint.

In Europa wird Joss-Pulver aus Litsea glutinosa genauso unter dem Begriff Makko-Pulver verkauft. Allerdings sind die Eigenschaften von Joss-Pulver etwas anders.

Makko-Pulver muss somit nicht zwingend aus Machilus thunbergii gewonnen werden. Manchmal wird eine Mischung aus der Rinde verschiedener Bäume der Gattung Machilus (wie etwa Machilus thunbergii) als dieses bezeichnet. Es kann vorkommen, dass auch ein pulverisiertes Weihrauch-Harz oder ein anderes Pflanzenpulver unter dem Begriff Makko-Pulver angeboten wird.

MAKKO-PULVER ALS BINDEMITTEL:

Beim Durchsehen diverser Quellen scheinen sich moderne Anbieter nicht einig zu sein, ob Makko nun ein Reinprodukt oder eine Bindemittelmischung darstellen soll. Z. B. verkauft der Weihrauch-Experte Karl Neal zwei Bindemittel, die den Begriff Makko enthalten. Beides sind keine Reinprodukte.

Der Einfachheit halber werden im Buch Litsea glutinosa als Joss-Pulver und Machilus thunbergii als Makko-Pulver benannt.

Ich habe mir eine **Bindemischung** hergestellt, mit der ich sehr gut zurechtkomme. Diese Mischung kann vorab produziert und in einem Glas bevorratet werden.

Diese Mischung hat sich für alle Formen bewährt. Stäbchen ohne Kern brechen durch die Zugabe von etwas Gummibinder nicht mehr ganz so schnell. Viele Räucherwerkhersteller kreieren sich ihre eigenen Bindemischungen, welche sie als Binderbasis verwenden.

REZEPT

Marlies' Grundbindemischung

- 57 g Joss-Pulver
- 29 g Makko-Pulver
- 14 g Gummi arabicum

ergibt 100 g fertige Bindemischung

TOH-MAKKO – JAPANISCHES RÄUCHERPULVER

Hierbei handelt es sich um *Machilus thunbergii*-Pulver, welches mit aromatischen Zutaten versetzt wurde. Dabei kommen ganz oft Zimt, Nelken und Sandelholzpulver zum Einsatz. Toh-Makko scheint allerdings eine modernere Art von Räucherpulver darzustellen und der Name taucht nur bei einigen Räucherrohstoffhändlern auf. Da sich die Experten nicht einig sind, ob Makko selbst nun mit Aromen versetztes Pulver ist oder tatsächlich nur *Machilus thunbergii*, erscheint mir die Idee mit einer eigenen Bezeichnung ganz gut..

Toh-Makko ist für sich schon wohlduftend und könnte für Kegel und Stäbchen direkt verwendet werden. Eine Toh-Makko-Mischung könnte unter anderem so ausschauen:

REZEPT

TOH-MAKKO-MISCHUNG

- 80–90 % *Machilus thunbergii*-Pulver
- 1–5 % Nelken-Pulver
- 1–5 % Zimt-Pulver
- 2–10 % Sandelholz-Pulver
- Optional können kleine Mengen von Sternanis-Pulver beigemengt werden.

ECHTER EIBISCH

Althaea officinalis aus der Familie der *Malvaceae.*

Dabei handelt es sich um eine Pflanze, welche in den Steppenzonen Südrusslands, Zentralasiens und auch in Südeuropa vorkommt. In Nordamerika gilt die Pflanze als Neophyt. Auch bei uns in Österreich lässt sie sich kultivieren und kann, wenn auch selten, verwildert vorkommen. Im Garten lässt sie sich problemlos kultivieren und ist in der Volksheilkunde eine geschätzte Heilpflanze.

Die getrocknete, pulverisierte Wurzel enthält viele Polysaccharide und lässt sich als Bindemittel verwenden. Allerdings ist es besser, Eibischwurzel mit anderen Bindern zu kombinieren. Als alleiniger Holzbinder ist das Pulver zu schwach für Kugeln und Kegeln, aber kombiniert durchaus geeignet. Ich habe festgestellt, dass das ganz feine ausgesiebte Pulver ideal als Bindemittel ist. Gröberes Material hingegen eignet sich nur für Kegel und es benötigt einen Gummibinder dazu. Beachte, dass die Kegel mit grobem Material recht brüchig sind, dafür brennen sie zuverlässig.

Eibischwurzel

VIELBLÜTIGES SALOMONSSIEGEL

Polygonatum multiflorum aus der Familie der *Asparagaceae.*

Das Vielblütige Salomonssiegel ist heimisch in Österreichs Mischwälder. Die getrocknete und pulverisierte Wurzel des Salomonssiegels enthält sehr viele Polysaccharide und ist als Co-Bindemittel durchaus geeignet. Das bedeutet, es ist nicht ideal, als alleiniges Bindemittel zu verwenden. Kombiniert mit einem Gummibinder, aber ganz passabel.

Es kann auch das Rhizom von *Polygonatum odoratum* oder *Biflorum* verwendet werden. Getrocknete Wurzel von *Polygonatum odoratum,* welche genauso verwendet werden kann, ist im Online-Handel unter der Bezeichnung Yu Zhu leicht zu finden. Zudem lässt sich *Multiflorum* sehr gut an einem halbschattigen Platz im Garten kultivieren. *Odoratum* hingegen benötigt mehr Sonnenlicht und auch einen kalkhaltigen Boden.

Salomonssiegel als Bindemittel war bei mir eher ein Zufallsfund. Es hat beim Verräuchern einen sehr angenehmen Duft. Ich habe es in Kegel verarbeitet und war über die Klebeeigenschaft sehr erfreut.

Salomonssiegelwurzel

ROT-ULME

Ulmus rubra aus der Familie der *Ulmaceae*.

Es ist unter dem Namen Slippery Elm bekannt. Wir finden die Rot-Ulme hauptsächlich in Ost-Kanada, aber auch in den USA. Pulver der Rot-Ulmenrinde enthält sehr viele Polysaccharide. In der Heilkunde wird sie zur Unterstützung von Darmerkrankungen verwendet und ist sehr beliebt. Allerdings kann die innere Rinde nur durch Abschälen oder Fällen gewonnen werden. In manchen Erdteilen ist die Rot-Ulme stark zurückgegangen.

Aufgrund der großen Menge vorhandener Polysaccharide ist sie nicht als alleiniger Binder geeignet. Sie weist zwar viel Quellschleim auf, aber zu wenig Kleber. Aber als Co-Bindemittel ist sie durchaus verwendbar. Sie erzeugt ein langsames Brennverhalten und eignet sich gut für Kegel oder Pastillen.

Rot-Ulmen-Pulver

JAPANISCHE ULME

Ulmus davidiana var. *japonica* aus der Familie der *Ulmaceae*.

Früher wurde in traditionellen Rezepten Ulmenrindenpulver (*Ulmus davidiana* var. *japonica*) verwendet. Es ist unter dem Namen Yu-Rindenpulver (Yu Bark oder Yu Pi) bekannt. Dabei handelt es sich um eine der größten und besonders schönen asiatischen Ulmenarten. Man findet diesen Baum in Nordostasien und in Japan.

In der Vergangenheit verzeichnete dieses Pulver eine große Nachfrage. Durch die helle Farbe konnte es gut gestreckt oder gefälscht werden. So kam es zu schlechten Qualitäten und es wird heute nicht mehr so viel verwendet.

Zusammengefasst kann man sagen, dass Holzbinder, die mit Joss, Jiggat, Jiggit, Laha bezeichnet werden, von Litsea glutinosa abstammen. Herkunft und Standort sowie die Gewinnung unterscheiden Joss-Pulver von Laha-Pulver. Die weiteren Bezeichnungen werden für beide Arten verwendet.

Makko scheint ein Rundumbegriff zu sein für Holzbindemischungen, Pulver aus Litsea glutinosa oder Pulver aus Machilus thunbergii.

Holzbindemittel sind für Anfänger gut geeignet, da sie die Brennbarkeit unterstützen und einfach zum Basismaterial gerechnet werden können.

Bei Gummibinder kann ein Zuviel im Rezept Probleme bereiten und das Räucherwerk brennt nicht mehr von selbst ab.

Unterschiedliche Grundbindemischungen könnten wie folgt ausschauen:

REZEPTE

Grundbindemischung I mit Makko- und Joss-Pulver

Reine Holzbindemittel sind schwächer als Gummibindemittel. Beachte zudem den starken Duft von Nelken in der Mischung.

- Makko-Pulver
- Joss-Pulver
- Gummibindemittel und
- als Fixiermittel Nelken-Pulver oder Buchenholzkohle, ohne Zusätze

Grundbindemischung II mit Joss-Pulver und Gummibinder

Da Makko (Tabu-no-Ki) schwer zu bekommen ist, kann man auch folgende Mischung herstellen.

- Joss-Pulver und
- etwas Gummibindemittel
- als Fixiermittel Buchenholzkohle, ohne Zusätze

Grundbindemischung III mit Joss-Pulver

- Joss-Pulver und
- als Fixiermittel Buchenholzkohle, ohne Zusätze

TIPP

Ich empfehle keine Kartoffelstärke oder Maisstärke als Bindemittel zu verwenden. Im DIY sind diese besonders beliebt. Stärke jedoch ist hygroskopisch und das Räucherwerk könnte einen Schimmelbefall erleiden und benötigt zudem eine lange Trockenzeit. Bei nicht sachgemäßer Lagerung könnte es wieder Wasser anziehen und man würde sich fragen, warum das Räucherwerk nicht brennt.

Gummibindemittel

Gummibindemittel bieten einige Vorteile gegenüber Holzbindemitteln. Erstens sind Gummibindemittel sehr stark. Das bedeutet, dass man nur einen winzigen Bruchteil der Menge an Gummibindemittel im Vergleich zu Holzbindemitteln verwenden muss.

Die meisten Gummibindemittel haben wenig oder gar keinen Duft, sodass man sich keine Gedanken darüber machen muss, wie sich ein Gummibindemittel auf das Aroma der Mischung auswirken wird. Da man weniger braucht und es schon fast geruchlos ist, kann man mit Gummibindemitteln Weihrauch ohne die mögliche aromatische Wirkung von Holzbindemitteln herstellen.

GUMMI ARABICUM

Acacia spp., bekannt als Lebensmittelzusatzstoff E414

Dabei handelt es sich um eine Sammelbezeichnung für ein Gummiharz und das gewonnene Produkt stammt von unterschiedlichen Akazienarten ab. Weitere Namen wären Babul Gum, Edible Gum, Kumat oder Acacia Gum. In der Räucherkunde wird es gerne als Bindemittel für andere Harze verwendet und ist ein guter Trägerstoff für ätherische Öle. Weiters mildert es scharfe und starke Räucherstoffe etwas ab. Die Einsatzkonzentration liegt bei maximal 10 %. Umso niedriger, umso besser. Ein Zuviel davon kann die Brennbarkeit massiv beeinträchtigen.

TRAGANT-GUMMI

Astragalus gummifer, bekannt als Lebensmittelzusatzstoff E 413

Dieser ist etwas teurer als Gummi arabicum, dafür benötigt man etwas weniger Einsatzmenge. Tragant-Gummi ist der eingetrocknete Pflanzensaft von Schmetterlingsblütlern aus der Gattung Tragant. Er wird nicht nur aus *Astragalus gummifer* gewonnen, sondern auch von anderen Arten. Dieser Binder ist etwas fehlerverzeihender als Gummi arabicum. Die Einsatzkonzentration liegt bei ca. 10 %.

XANTHAN-GUMMI

bekannt als Lebensmittelzusatzstoff E 415

Bei Xanthan-Gummi handelt es sich um ein natürliches Verdickungsmittel, welches mithilfe von Bakterien der Gattung Xanthomonas gezüchtet und aus dessen zuckerhaltigem Substrat gewonnen wird. Xanthan findet sich als Gelbildner in der Kosmetikindustrie und als Verdickungsmittel in der Lebensmittelindustrie wieder. Die Einsatzkonzentration liegt bei ca. 5 %.

GUAR-GUMMI

Guarkernmehl, bekannt als Lebensmittelzusatzstoff E 412

Die Gewinnung erfolgt aus den Samen der Guarbohne *Cyamopsis tetragonoloba*. Der Gummi kommt bei der Arzneimittelherstellung, in der Lebensmittel- und Kosmetikbranche zum Einsatz und auch in der Papierindustrie. Die Einsatzkonzentration liegt bei ca. 10 %.

Alle gelisteten Gummis weisen durch ihre enthaltenen Polysaccharide ein sehr hohes Quellvermögen auf. Man bekommt sie als weißes Pulver in Apotheken oder im Onlinehandel zu kaufen. Die Löslichkeit ist mit allen polaren Lösungsmitteln wie z. B. Wasser möglich.

BEACHTE

Gummibinder sind sehr stark. Verwendet man zu viel davon, ist der Weihrauch so hart, dass er nicht mehr zerbricht. Zweitens brennt der Weihrauch nicht richtig, wenn zu viel Gummibinder verwendet wurde. Alle Gummibinder sollten möglichst nieder dosiert werden. Maximal 10 % Einsatzkonzentration vom Trockengewicht der Gesamtmenge.

GUMMIBINDER VORBEREITEN

Es besteht die Möglichkeit, eine Bindemittellösung herzustellen. Eine Zusammensetzung für eine feuchte Mischung könnte so ausschauen.

REZEPT

FEUCHTE MISCHUNG

› In 240 ml heißem Wasser werden ca. 2 EL Gummi arabicum aufgelöst.

oder

› In 240 ml heißem Wasser wird 1 TL Tragant-Gummi aufgelöst.

Besonders wichtig ist hier, dass heißes Wasser verwendet wird, damit sich das Pulver gut auflösen kann. Löst man den Gummi in heißem Wasser, entsteht eine gelartige Masse. Hier ist Geduld gefragt, denn das dauert schon eine ganze Weile, bis ein klumpenfreies Gel entstanden ist. Von dieser Masse gibt man nun etwas zur Pulvermischung und knetet daraus einen Teig.

Meine bevorzugte Variante ist allerdings, den pulverisierten Gummi – in trockener Form – direkt unter die trockene Pulvermischung zu geben. So kann man besser kontrollieren, wie viel vom Gummibinder in einem Rezept verwendet wird. Ich persönlich komme mit der Bindemittellösung nicht klar.

WANN WIRD EIN HOLZ- UND WANN EIN GUMMIBINDER VERWENDET?

Je nachdem, welche Art von Räucherwerk hergestellt werden soll, ist es nötig, das richtige Bindemittel zu wählen. Meine Erfahrung hat gezeigt, dass ein Gummibinder für Kegel und Kugeln wunderbar funktioniert. Jedoch kann ein Holzbinder etwas mühsam sein, da die Masse eine gummiartige, weiche Konsistenz aufweist, um schöne Kegel oder Kugeln zu formen. Für Kegel und Kugeln sollte der Anteil eines Holzbinders so gering wie möglich sein, damit diese sich formen lassen.

Für Räucherstäbchen ist allerdings ein Holzbinder ideal. Er liefert stabile und gut brennbare Stäbchen, besonders wenn man einen Extruder dafür verwenden möchte.

Für Räucherstäbchen und Pastillen sind Holzbinder einfacher in der Handhabung. Der Holzbinder wird höher dosiert und der Teig wird stabiler. Zudem unterstützt er das Brennverhalten, da er auch zu den Basismaterialien gezählt wird. Eine Kombination aus Holzbinder und Gummibinder ist jedoch perfekt. Besonders die Zugabe von Gummibindern bei Stäbchen fördert deren Stabilität – sie brechen nicht so schnell.

TIPP

Ich mische meine Kräuter, Harze und Bindemittel als Pulver in einer Schüssel zusammen. Anschließend gebe ich die gewünschte Flüssigkeit dazu und verrühre alles. Danach lasse ich die Mischung ein paar Minuten quellen. Nach dieser Zeit wird ein Teig geknetet. Dieser Vorgang darf ruhig ein paar Minuten dauern. Zudem ist es hilfreich, wenn man den Teig in einem Mörser stampft, damit sich die Aromen gut verbinden können. Auch dieser Vorgang sollte einige Zeit in Anspruch nehmen.

Den Teig gebe ich nun wieder in meine Schüssel und decke diese mit einer zweiten Schüssel luftdicht ab. Nun darf der Teig etwa 30 Minuten – 2 Stunden oder sogar über Nacht reifen und der Binder wird aktiviert. Genaue Anleitungen findet man unter **Das richtige Mischverhältnis** *ab Seite 98.*

UNGEWÖHNLICHE BINDEMITTEL

In manchen Rezepten wie in traditionellem Kyphi, einem altägyptischen Räucherwerk, wurde eine Kombination aus **Honig**, **Datteln** und **Rosinen** für die Klebeeigenschaften verwendet.

Datteln und Rosinen haben beim Verglimmen einen ungewöhnlichen Geruch. Probiere aus, ob dir das gefällt. Rezepte mit diesen Zutaten müssen gewöhnlich viele Monate reifen, dann ist das Räucherwerk richtig trocken und riecht wunderbar. Honig ist ein wunderbarer Aromageber, aber als alleiniges Bindemittel vorsichtig zu betrachten. Honig zieht, ähnlich wie Stärke, Feuchtigkeit aus der Umgebung und es könnte zu einer Schimmelbildung führen. Zudem dauert es recht lange, bis das Räucherwerk gut trocken ist. Auch hier kann eine unsachgemäße Lagerung dazu führen, dass das Räucherwerk wieder feuchter wird und nicht glimmt. Beachte, dass man in der japanischen Tradition dem Honig möglichst viel Wasser entzogen hat, damit das Räucherwerk beim Reifen keinen Schimmel ansetzen konnte.

Zum Experimentieren als Co-Bindemittel laden Flohsamenschalen *Plantago ovata* ein, auch die Früchte des heimischen Breitwegeriches *Plantago major* sind geeignet. Bockshornklee, Cassia-Zimt weisen auch eine gewisse Bindeeigenschaft auf.

Flohsamen und Cassia-Zimt

BASISMATERIALIEN

Viele Menschen, die das erste Mal ein Räucherwerk herstellen, verwenden als Basismaterial eine schnellzündende Räucherkohle, die sie zu Pulver verarbeiten. Dies ist eine gängige Methode, um selbst brennbare Räucherkegel, -kugeln, -stäbchen herzustellen. Im Normalfall brennen diese auch ganz gut. Beachte, dass in deiner Räucherkohle so gut wie immer Kaliumnitrat enthalten ist. In der Kohle ist sogar wesentlich mehr Kaliumnitrat enthalten, als wenn du die auf Seite 23 genannte Kaliumnitratlösung selbst herstellst und verwendest.

Um dieses Problem zu umgehen, sollte eine gute Basismischung hergestellt werden.

Das Ziel deiner Basismischung ist das Ersetzen einer schnellzündenden Räucherkohle statt der Zugabe von Kaliumnitrat. Dafür eignet sich Holzpulver oder pulverisierte Buchenholzkohle ohne Zusätze.

verschiedene Hölzer

Für dich bedeutet es, dass das Basismaterial, neben dem richtigen Bindemittel, die wichtigste Grundzutat für dein Räucherwerk ist. Es soll die Räucherkohle ersetzen, es ist dein Füllstoff und ist für die Hitze und Brennbarkeit entscheidend. Beachte: Buchenholzkohle allein ist schwerer formbar, hingegen lässt sich Holzpulver besser formen. Buchenholzkohle hat kein starkes Aroma und eine Kombination aus Buchenholzkohle und Holzpulver hat sich bei meinen Kreationen bewährt. Diese Kombination garantiert fast immer ein problemloses Abbrennen meines Räucherwerks. Auch ein Holzbindemittel wird zum Basismaterial gezählt werden. Mit dem Basismaterial kann man regulieren, ob der Weihrauch schneller oder langsamer brennt und ob viel oder wenig Rauch erwünscht ist.

Die begehrtesten Basismaterialien rund um den Globus sind unsere wohlduftenden Holzpulver wie Sandelholz, Palo Santo und Adlerholz.

Allesamt sind exklusive Zutaten und sehr teuer. Sie dienen auch als alleiniger Räucherstoff, da ihr Duft einzigartig ist. Rotes Sandelholz duftet hingegen weniger stark bis fast geruchlos. Nichtsdestotrotz ist auch das rote Sandelholz ein erlesenes Material und sollte auch als solches behandelt werden.

Sandelholz, Palo Santo, Adlerholz

Apfel
Eiche
Pekanuss
Zeder

RÄUCHERHÖLZER AUS DEM LEBENSMITTELBEDARF

Es gibt im Grillhandel klein geschredderte Hölzer, die für Lebensmittelräucherungen verwendet werden. Diese Hölzer lassen sich in einem guten Hochleistungsmixer zu Pulver verarbeiten, da sie oft schon etwas zerkleinert angeboten werden. Meist im Angebot sind Olivenholz, Mandelholz, Kirschholz, Apfelholz, Zitronenholz, Walnussholz und noch viel mehr. Sie alle sind bestens als Basismaterial geeignet. Ich schaue immer, dass ich die Hölzer schon so klein wie möglich bekomme. Das erleichtert das Pulverisieren enorm. Beim Öffnen des Mixers empfiehlt sich eine Feinstaubmaske, damit man keine Probleme mit der Atmung und der Lunge bekommt.

EICHENRINDEN-PULVER

Quercus robur oder *Quercus patrea* aus der Familie der Buchengewächse

Eichenrinden-Pulver ist besonders ideal für Räucherstäbchen. Warum ist das so? Räucherstäbchen können beim Trocknen gerne krumm werden oder rasch brechen.

Eichenrinde

Eichenrinden-Pulver ist hier das richtige Material, um dagegenzuwirken. Traditionell wird Eichenrinden-Pulver hauptsächlich für Räucherstäbchen verwendet. Es dient nicht nur als Holzgrundlage für eine Basismischung, sondern erfüllt somit gleich noch einen technischen Zweck. Die Zugabe von Eichenrinden-Pulver kann eine Krümmung beim Trocknen reduzieren (bei einer idealen Mischung sogar verhindern). Eichenrinden-Pulver liefert uns somit gleich eine Fehlerbehebung. Der Grund dafür könnte möglicherweise am hohen Gehalt der Gerbstoffe liegen. Eichenrinde verfügt über ein leichtes Aroma, das berücksichtigt werden sollte. Es ist mild und leicht süßlich. Aber Achtung, Eichenrinden-Pulver sollte eher niedrig dosiert werden.

Ich habe verschiedene Basismischungen kreiert, mit denen ich gut zurechtgekommen bin. Basismischungen könnten somit so ausschauen:

Basismischung I

- 10 g Alant-Wurzel-Pulver
- 10 g Eichenrinden-Pulver
- 10 g Weißes-Sandelholz-Pulver

Basismischung II

- 10 g Rotes-Sandelholz-Pulver
- 10 g Eibisch-Wurzel-Pulver
- 5 g Eichenrinden-Pulver
- 10 g Chaga-Pilz-Pulver

Luxuriöse Mischung

- 3 g Palo-Santo-Pulver, Amarillo
- 10 g Rotes-Sandelholz-Pulver
- 10 g Adlerholz-Pulver

Traditionelle japanische Mischung

Diese Materialien sind bei uns so gut wie nicht erhältlich.

- 8 g Adlerholz Siam – *Aquilaria crassna* (Thai Oud), Duft süßlich
- 15 g Adlerholz Tani – *Aquilaria malaccensis*, Duft erfrischend
- 8 g Laoshan Sandelholz – *Santala album*

Die Adlerhölzer werden vermischt und im Mörser verrieben. Anschließend gibt man das Sandelholz hinzu und verreibt es mit den Adlerhölzern.

Fixativ

In der Herstellung von Räucherstäbchen werden bestimmte Materialien als Fixiermittel eingesetzt, um die Duftstoffe zu stabilisieren und deren Freisetzung während des Räuchervorgangs zu verlängern.

Beachte, dass Fixiermittel auch meist einen eigenen Aromastoff darstellen.

verschiedene Fixative

NELKENPULVER – *Syzgium aromaticum*

Gewonnen aus den getrockneten Blütenknospen des Nelkenbaums. Nelkenpulver besitzt ein stark würziges Aroma. Nelke wird meist dem Element Feuer zugeordnet. Zudem unterstützt Nelkenpulver ein gleichmäßiges Brennen deines Weihrauchs.

IRISWURZEL – *Iris germanica*

Die getrocknete Wurzel der Irispflanze dient als Fixiermittel und verleiht Räuchermischungen einen sanften, blumigen Duft. Sie wird dem Element Erde zugeordnet und soll stabilisierende Eigenschaften besitzen.

ALOEHOLZ (ALOESHOLZ, AGARHOLZ) – *Aquilaria* ssp.

Dieses seltene und kostbare Holz wird für seinen tiefen, harzigen Duft geschätzt und dient als exzellentes Fixiermittel. Es wird dem Element Wasser oder Erde zugeordnet und soll beruhigend auf den Geist wirken.

ZIMTPULVER – *Cinnamomum cassia* od. *Cinnamomum verum*

Zimt wird gelegentlich als Fixiermittel verwendet und bringt eine warme, süßliche Note in die Räuchermischung. In der TCM ist Zimt dem Element Feuer zugeordnet und wird zur Anregung des Kreislaufs eingesetzt.

SANDELHOLZ – *Santala* ssp.

Sowohl weißes als auch rotes Sandelholz dienen als Basis- und Fixiermittel. Ihr weiches, holziges Aroma harmonisiert die Duftkomponenten. Sandelholz wird dem Element Erde zugeordnet und soll beruhigend auf den Geist wirken.

KALMUSWURZEL – *Acorus calamus*

Diese Wurzel hat ein würziges Aroma und wird als Fixiermittel eingesetzt. Kalmus wird dem Element Erde zugeordnet und soll den Geist klären sowie die Sinne schärfen. Es wirkt stärkend und entspannend.

BENZOE-HARZ – *Styrax tonkinensis* od. *Styrax benzoin*

Benzoe verleiht Räuchermischungen einen süßen, vanilleartigen Duft und wirkt fixierend. Auch Benzoe wird dem Element Erde zugeordnet und soll beruhigend sowie harmonisierend wirken. Da der Duft sehr dominant ist, sollte dieses Harz eher niedrig konzentriert werden.

WEIHRAUCHHARZ – *Boswellia* ssp.

Dieses Harz ist bekannt für seinen charakteristischen, balsamischen Duft und dient als weiteres Fixiermittel. Weihrauch wird dem Element Metall zugeordnet und soll reinigende sowie schützende Eigenschaften besitzen.

Die fixierenden Eigenschaften dieser Materialien resultieren aus ihrer molekularen Struktur, die es ermöglicht, flüchtige Duftstoffe zu binden und deren Verdunstung zu verlangsamen. Dadurch wird eine gleichmäßige und lang anhaltende Duftabgabe während des Räucherns erreicht.

Bitte beachte, dass die Zuordnung zu den Elementen je nach Tradition und Spiritualität etwas variieren kann.

Verwendest du Harze als Fixiermittel, müssen diese auch zu den ausgewählten Harzen deines Rezeptes hinzugezählt werden.

Mischen von Pflanzenmaterial

Nach dem Pulverisieren kannst du dir Gedanken machen, welche Materialien du gerne kombinieren möchtest.

Du hast dir eine Rezeptur überlegt, die Pflanzenpulver abgewogen und in eine Schüssel gegeben. Es gibt nun zwei Varianten des Mischens.

DIE TROCKENMETHODE

Dabei werden die Zutaten samt Binder trocken gemischt und erst dann mit der ausgewählten Flüssigkeit benetzt und zu einem Teig geknetet. Hierbei hat man den besten Überblick, wie viel Bindemittel sich in der Rezeptur befindet.

DIE NASSMETHODE GILT NUR FÜR GUMMIBINDER

Es wird der Gummibinder zuerst mit Wasser angemischt. Erst nach dem Anmischen wird dieser zu den Zutaten gegeben und zu einem Teig geknetet. Diese Methode ist nicht praktisch, da wir keinen Überblick haben, wie viel Bindemittel schlussendlich in unserer Rezeptur ist.

Ich persönlich bevorzuge die Trockenmethode. Wenn das Pflanzenmaterial gemischt und nochmals gemahlen wurde, erst dann kommt die Flüssigkeit hinzu. Wir erhalten einen Teig, der als Tama bezeichnet wird.

Grundmischung für Stäbchen

- 60 % primäre Holzpulverbasis, diese kann aus einem einzelnen Holzpulver oder aus einer Mischung verschiedener Hölzer bestehen.
- 10 % sekundäre Pulver wie Rosmarin, Lavendel, Minze, Rose. Hier kannst du ohne schlechtes Gewissen einen Griff in den Tee- oder Gewürzschrank wagen.

Du kannst das Pulver auch durch ätherische Öle ersetzen. Beachte, dass dann das Basispulver erhöht werden muss.

- 5 % Fixierpulver oder Verstärker, Nelkenpulver, aber auch Adlerholz und Iriswurzel sind besonders geeignet.
- 25 % Holzbindemittel wie Joss oder Makko.

In meinen Kursen empfehle ich, mit einfachen und reduzierten Mischungen zu starten. Ein oder zwei Kräuter oder Gewürze reichen somit für den Anfang vollkommen.

Grundmischung für Kegel

Ähnlich wie bei den Stäbchen, nur die Prozentverteilung verschiebt sich etwas.

- 50–65 % primäre Holzpulverbasis, diese kann aus einem einzelnen Holzpulver oder aus einer Mischung verschiedener Hölzer bestehen.
- 10–20 % sekundäre Pulver
- 5 % Fixierpulver
- 30 % Holzbindemittel wie Joss- oder Makko-Pulver oder eine Mischung aus Holzbindemittel und Gummibinder

Oder

- 50–65 % primäre Holzpulverbasis, diese kann aus einem einzelnen Holzpulver oder aus einer Mischung verschiedener Hölzer bestehen.
- 10–20 % sekundäre Pulver
- 5 % Fixierpulver
- 10 % Gummibindemittel

TIPP

Hast du eine Mischung, deren Duft dir nicht gefällt, dann lass dein Räucherwerk ein paar Wochen bzw. Monate reifen. Erst nach dieser Zeit harmonieren viele deiner Zutaten miteinander.

Du wirst feststellen, wie sich das Duftprofil verändert hat. Für gewöhnlich lassen wir unser Räucherwerk nicht reifen. Meistens sind wir viel zu ungeduldig und wollen unser Räucherwerk so schnell wie möglich verglimmen. Das Aroma von Räucherstäbchen verändert sich mit der Zeit und reift wie bei gutem Wein. Darum ist es wichtig, dass du deine Rezepte genau dokumentierst. Notiere die Reifezeit und wie sich das Duftprofil verändert hat. Notiere, ob es dir gut gefällt oder ob du gerne etwas verändern möchtest.

Experimentieren

Bitte vertraue dir selbst und experimentiere. Leider gibt es oft Menschen, die einen verunsichern möchten. Zutaten, die man nicht verwenden darf; Materialien, die nur Profis zustehen. Es ist bei der Räucherwerkherstellung nicht anders als in der Kräuterkunde. Ich ermutige meine teilnehmenden Personen immer, zu experimentieren und auszuprobieren und so den eigenen Erfahrungsschatz zu erweitern. Es ist in Ordnung, wenn man einen gut gemeinten Rat beherzigt und sich bei bestimmten Materialien in kleinen Mengen herantastet. Wichtig ist, sich mit den gewünschten Materialien ausgiebig auseinanderzusetzen. Giftpflanzen sollten vermieden werden. Ich möchte dich daher ermutigen, selbst zu experimentieren, zu lernen und zu studieren.

Kräuterräucherwerk ohne Salpeter herzustellen, ist nicht so schwer. Wenn du das Mischverhältnis beherzigst, wirst du schnelle Erfolge verzeichnen. Eine Brennprobe vor der Flüssigkeitszugabe ist unerlässlich für ein gutes Resultat.

Die Kunst des Mischens und Auswählens deiner Kräuter ist jedoch eine ganz andere und bedarf ein wenig Übung.

Die große Kunst ist:
einen guten Duft zu erzielen
ein schönes langsames und
vor allem gleichmäßiges Abbrennen,
das Steuern von viel oder wenig Rauch.

WORAUF SOLLTE MAN ACHTEN?

Genau hier kann es dann kompliziert werden. Viele wünschen sich ein Grundrezept, um dann einfach die Kräuter und Harze nach Wahl auszutauschen.

Nach so einem Rezept werde ich immer wieder gefragt. Leider muss ich erwidern, dass dies nicht sinnvoll ist. Denn nur wer die Materie versteht, versteht auch, dass genau hier die Kunst versteckt liegt.

Jedes Material hat andere Brenneigenschaften. Somit kann man nicht eine Pflanze oder ein Harz willkürlich austauschen.

Die Probleme fangen an, wenn nicht genau das gleiche Basismaterial oder Bindemittel verwendet wird. Eine Pflanze wird durch eine andere ersetzt. Oder die Mengen werden verändert, keine gleichmäßige Pulvergröße ist gegeben und man wundert sich, warum der Kegel oder das Stäbchen nicht brennt.

Manchmal sieht man jemanden einen Kegel im Internet herstellen und macht diesen nach. Obwohl man gesehen hat, dass diese Person Erfolg hatte, will der Kegel bei einem selbst nicht brennen. Vielleicht wurde das Material nicht genau gleich vorbereitet. Oft werden die Mengenangaben ungenau oder gar nicht angegeben etc. Auf die Partikelgröße wird fast nie hingewiesen und die verschiedenen Bindemittel werden meist nicht erklärt. Dies ist jedoch entscheidend für einen Erfolg.

Es gibt Kräuter, die gut brennen wie Lavendel, Salbei, Ringelblume, Rosmarin und Tannennadeln. Aber es gibt Kräuter, die einem einen Strich durch die Rechnung machen.

Ich wollte blaue Stäbchen herstellen und habe Schmetterlingserbsen verarbeitet. Diese wollten jedoch nicht glimmen. Dann benötigt man viel Geduld und meist mehrere Formulierungen, bis man sein Ziel erreicht hat.

Ich empfehle daher Aufzeichnungen zu machen:

› Notiere deine Rezeptur grammgenau.
› Notiere das Brennverhalten beim Spurziehen.
› Gibt es viel oder wenig Rauch?
› Notiere jede Veränderung grammgenau.
› Notiere, wie lange und wie gut dein Räucherwerk glimmt.

Harze können große Probleme verursachen. Besonders dann, wenn man sich nicht an die empfohlene Einsatzkonzentration hält. Harze können uns so viele unterschiedliche Aromen liefern: von leicht bis schwer, von zitronig bis süßlich und intensiv. Viele Harze lassen sich pulverisieren und können erst dann leichter verarbeitet werden.

Vielleicht hast du schon die Erfahrung gemacht, als du ein Harz auf Kohle verräuchert hast, dass die Kohle ausgegangen ist? Harz wird beim Verbrennen flüssig und kann eine Kohle regelrecht ersticken. Harze können auch das Brennverhalten von Stäbchen, Kegeln und Kugeln negativ beeinflussen. Möchtest du viel Harz verwenden, musst du z. B. mindestens 80 % Holzbinder verwenden, damit deine Stäbchen gleichmäßig glimmen.

Die Wahl der Zutaten

Bevor du nun einen Duft kreierst, kannst du noch überlegen, ob dein Räucherwerk für einen bestimmten Zweck eingesetzt werden soll. Diese Überlegung hilft dir bei der Auswahl deiner Räucherrohstoffe. Es gibt viele Anlässe, um ein Räucherwerk zu zünden. Im Folgenden habe ich ein paar Ideen gelistet.

STIMMUNGSAUFHELLEND

Zitrusartige oder blumige Räucherstoffe können hierbei praktisch sein. Sie schenken Leichtigkeit und verscheuchen leichte depressive Verstimmungen.

Kräuter wie Johanniskraut, Zitronengras, Orangen oder Zitronenzesten, Damiana oder Rosenblüten kommen hier in Frage. Ich räuchere unglaublich gerne zur Stimmungsaufhellung. Es ist eine wahre Wohltat und Wellness für zu Hause.

NEUBEGINN

Das kann ein Umzug sein, eine größere Veränderung im Leben. Auch ein Jahreswechsel kann als solcher betrachtet werden. Passende Pflanzen wären Palo Santo, Weihrauchharz oder Wacholder.

MEDITATIONEN UND ACHTSAMKEIT

Hilfreich sind klare Düfte, erdend, welche die Gedankensammlung unterstützen und vertiefen. Kräuter für eine Tiefenentspannung und innere Ruhe wären hier Sandelholz, Myrrhe, Lavendel, Wacholder und Palo Santo.

SCHUTZ UND ABWEHR

Dieser Anlass ist traditionell und wurde früher für Raumräucherungen oder für Stallräucherungen verwendet. Hier sollen schlechte Energien ferngehalten werden. Mögliche Kräuter könnten Beifuß, Salbei, Drachenblut sein.

Abwehr kann auch das Fernhalten von Wespen im Sommer bedeuten. Hierbei eignet sich Kaffee unglaublich gut. Generell eignet sich Räuchern zur Insektenabwehr. In unserem Finnlandurlaub habe ich sehr viel geräuchert, um die Mücken fernzuhalten. Solange ein Räucherstäbchen oder Kegel glimmt, funktioniert das sehr gut. Ideal ist ein Räucherwerk mit stärkerer Rauchentwicklung.

KONZENTRATIONSSTEIGERND

Düfte können wunderbar anregend und positiv auf uns wirken. Sie helfen, Ablenkungen abzublenden, um bei der Sache zu bleiben. Kräuter, die infrage kommen, wären Rosmarin, Pfefferminze, Eukalyptus, Zeder, Zitrusschalen, Zitronenverbene und Lärche.

Mein Sohn fragt meistens, wenn er am Lernen ist, ob wir nicht ein Räucherstäbchen anzünden können. Es hilft ihm enorm, sich auf seine Aufgaben zu fokussieren.

REINIGUNG, RAUMDESINFEKTION UND WOHLGERUCH

Diese Art verwende ich recht viel, wenn zu Hause jemand krank war. Viele Harze und Kräuter klären Räume und haben nachweislich antimikrobielle Eigenschaften. Die Luft wird von Keimen und unangenehmen Gerüchen befreit, ein anschließendes Lüften hilft zusätzlich.

HEILUNTERSTÜTZENDE ZWECKE

Hier gibt es ganz unterschiedliche Möglichkeiten für eine Räucherbegleitung. Kamille wirkt beruhigend, Salbei entzündungshemmend und desinfizierend, Styrax beruhigt die Nerven. Ich liebe die Kombination von Salomonssiegel und Styrax für diesen Zweck.

RITUALE UND ZEREMONIEN

Räucherungen bei traditionellen Handlungen wie Jahreskreisfeste sind etwas Wunderbares. Hierbei können Lorbeerblätter, Fichtenharz, aber auch Beifuß oder Drachenblut verräuchert werden.

ENTSPANNUNG UND REGENERATION

Sanfte Düfte mit weniger Rauchentwicklung helfen mir meist sehr gut, Stress abzubauen. Solche Räucherungen sind hilfreich, um innere Ruhe einkehren zu lassen. Helmkraut, Hopfen, Fliegenpilz, Vanille. Adlerholz oder Rosenblüten sind meine Favoriten.

Jeder Mensch hat ein etwas anderes Geruchsempfinden und sollte sich die geeigneten Kräuter selbst aussuchen. Nur weil jemand sagt, dies und jenes Kraut sei gut für einen Zweck, heißt das noch lange nicht, dass man den Geruch auch mag. Folge deiner Intuition und entscheide dich nur für Kräuter, welche dir auch tatsächlich gut gefallen.

DIE DUFT-KOMPOSITIONEN

Für die meisten Menschen ist das Aroma der eigentliche Weihrauch. Manche Holzbinder und Basismittel haben selbst einen Geruch, der einkalkuliert werden sollte. Dadurch, dass Holzbinder allerdings gerne andere Aromen aufnehmen, ist dieser meist nicht störend in deiner Mischung. Der Fokus liegt auf allen Fällen beim Aroma unserer verwendeten Kräuter, Harze und beim verwendeten Basismittel. Basismittel wie Adlerholz, Palo Santo oder Sandelholz bringen schon ein fantastisches Aroma mit sich und könnten auch als alleinige Duftkomponente verwendet werden.

Wir sitzen vor unseren Kräutern und riechen daran. Viele haben in getrockneter Form nicht unbedingt einen starken Geruch. Erst beim Zerkleinern setzt sich dieser frei. Wir mischen fröhlich vor uns hin, was wir für schön und wohltuend empfinden. Oft vergessen wir allerdings, dass unser Räucherwerk verglimmen wird.

Das hat zur Folge, dass der Duft schlussendlich ganz anders erscheinen kann, als wir uns diesen vorstellen. Beachte immer, dass Düfte sich verändern, besonders beim Verbrennen. Eine frische Blume hat einen anderen Duft als in getrockneter Form. Pulverisiert kommt er wieder anders zur Geltung, verräuchert ändert sich das Aroma wieder. Um den Duft zu testen, gib etwas Kräuterpulver auf ein Sieb und atme den Duft ein, um zu schauen, ob er dir gefällt.

Auch die Zugabe von ätherischen Ölen kann ein ganz anderes Ergebnis liefern, als du ursprünglich erwartet hast.

Es ist unerlässlich, deine Formulierung genau zu dokumentieren, um Änderungen vornehmen zu können. Für Räucherwerk kannst du dich an klassischen Duftpyramiden orientieren.

Duftpyramide

Du beginnst mit der Basisnote und arbeitest dich zur Herznote vor. Zum Schluss entscheidest du dich für eine Kopfnote. Je nach Mischung und Konzentration der Materialien können sich die Duftnoten etwas verschieben.

BASISNOTE

Basisnote ist der Duft, der am längsten wahrnehmbar ist. Er ist erdend und fixiert die Duftkomposition. Die Basisnote tritt auf, wenn sich die Herznote verflüchtigt hat. Dieser Duft ist meist reichhaltig und kann lange andauern. Hier passen viele Harze und Gehölze rein. *Beispiele: Weihrauch, Vetiver, Eichenrinde, Drachenblut, Amber, Kalmuswurzel, Benzoe, Myrrhe, Styrax, Alantwurzel, Sandelholz und Vanille*

HERZNOTE

Bei der Herznote handelt es sich um mittelflüchtige Düfte. Sie harmonisiert zwischen Kopf- und Basisnote. Hat sich die Kopfnote verflüchtigt, kommt die Herznote zur Geltung. Meistens handelt es sich um blumige, fruchtige oder würzige Düfte. In dieser Kategorie finden wir viele unserer Kräuter wieder. *Beispiele: Sandelholz, Duftrosen, Kamille, Wacholder, Zeder, Kardamom schwarz oder grün, Engelwurz, Meisterwurz, Thymian, Majoran, Jasmin, Ylang-Ylang*

KOPFNOTE

Die Kopfnote ist eine flüchtige Wahrnehmung; es ist der erste Duft, der dir auffällt. Meistens ist er leicht, erfrischend oder zitrusartig und bringt positive Energie mit sich. Diese Düfte verfliegen innerhalb von 10 bis 20 Minuten. *Beispiele: Zitronenmelisse, Lavendelblüten, Orangenschale, Zitronenschale, Rosmarin, Kampfer, Pfefferminze, Lorbeer, Bergamotte, Ysop, Zitronenverbene, Eisenkraut, Anis, Mastix*

Duftakkorde

Es handelt sich um ausgewählte Duftstoffe, die gut harmonieren. Sie liefern ein aromatisches Aroma, welches unverwechselbar ist. Das kann eine blumig, holzige, grasige, zitrusartige oder orientalische Note sein.

Beispiel: Zur Insektenabwehr kombiniere ich sehr gerne Zitronengras mit Mastix. Für mich sind diese Räucherstoffe eine wunderbare Ergänzung zu Palo Santo.

AUSGEWOGENHEIT

Dieser Punkt bringt die Erfahrung mit sich. Das Ziel wäre, eine harmonische Mischung zu kreieren, welche ausgewogen und elegant erscheint. Hast du dein Räucherwerk erst hergestellt und verglimmst es gleich nach der Trockenzeit, kann der Duft hie und da noch etwas unausgewogen oder holprig anmuten. Ich habe bemerkt, dass der Duft erst nach einer Reifezeit von ein paar Monaten richtig harmoniert. Ist er nach dieser Zeit, deines Erachtens, immer noch nicht ausgeglichen, solltest du am Rezept feilen.

Beachte bei der Auswahl deiner Duftstoffe deren Intensität. Von einem Nadelgehölz wie einer Schwarzkiefer benötigt man meist weniger Blattpulver als von einem Zitronengras. Ich starte immer mit kleinen Mengen und notiere diese genau in Gramm. Anpassungen werden jeweils dazunotiert. Meine Proben belaufen sich meist auf 20 g Gesamtmenge.

Übrigens lassen sich zur Duftverstärkung ätherische Öle im Räucherteig gut kombinieren. Der Nachteil ist, dass der Duft erst im fertig getrockneten Räucherwerk getestet werden kann.

Es ist noch kein Meister vom Himmel gefallen.

Qualitätssicherung

GMP (GOOD MANUFACTURING PRACTICE) – GUTE HERSTELLUNGSPRAXIS

Gute Herstellungspraxis (GMP – Good Manufacturing Practice) bezeichnet ein umfassendes Qualitätssicherungssystem. Ich habe dieses System bei meiner Ausbildung zur Kosmetik- und Haarpflege-Formulierung kennengelernt. Das System funktioniert für die Herstellung unseres Räucherwerks ebenso. Es ist besonders wichtig, wenn du irgendwann dein Räucherwerk auf den Markt bringen möchtest.

Die Grundidee von GMP basiert auf einem Leitfaden, wie man ein Produkt sauber und sicher herstellt und alle Schritte nachvollzogen werden können. So dass eben diese Schritte immer gleichbleibend ausgeführt werden können.

Auch bei der Räucherwerkherstellung macht so ein Formular Sinn um:

- gleichbleibende Qualität zu sichern
- Rückverfolgbarkeit der Charge, der Rohstoffe und des Produktionszeitpunkts

Dokumentation

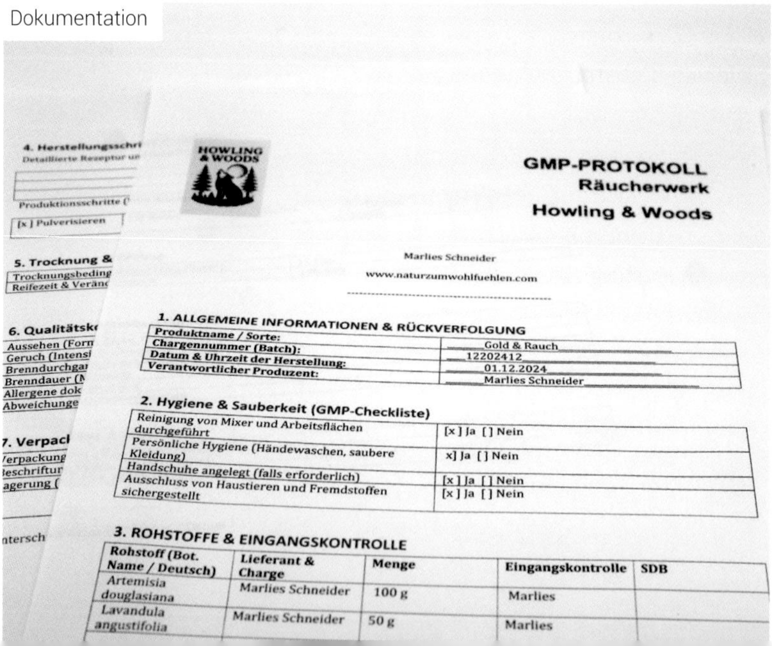

Es ist somit hilfreich, wenn du das gleiche Räucherwerk wiederholt herstellen möchtest, auch für dich daheim. Was dokumentiert werden sollte:

Die Rohstoffe

- Botanische Bezeichnung und Pflanzenfamilie
- Deutscher Name
- Verwechslungsmöglichkeiten
- Herkunft und Lieferant
- Chargennummer des Lieferanten
- Eingangskontrolle (Aussehen, Geruch, Fremdpartikel, ggf. Feuchtigkeitstest)
- Lagerbedingungen (trocken, kühl, dunkel, etc.)
- Sicherheitsdatenblätter, wenn vorhanden

Herstellung

- Datum und Uhrzeit
- Wer produziert hat – Initialen oder Kürzel
- Rezeptur (z. B. exakte Mengenangaben der Rohstoffe, Flüssigkeiten)
- Dokumentation von Allergenen
- Produktionsschritte wie pulverisieren, sieben, mischen etc.
- Trocknungsbedingungen, Dauer, Temperatur
- Besonderheiten

Hygiene und Sauberkeit

- Dokumentation der Reinigung von Mixer und Oberflächen
- Persönliche Hygiene wie Händewaschen, Handschuhe etc.
- Ausschluss von Haustieren oder fremden Stoffen in der Produktion

Verpackung und Lagerung

- Art der Verpackung, Glas, Kunststoff, Papier
- Beschriftung, Charge, Herstellungsdatum, Produktname
- Lagerbedingungen wie trocken, dunkel, kühl

Qualitätskontrolle

- Aussehen, Form, Farbe, Risse
- Geruch
- Brennverhalten
- Brenndauer
- Abweichungen dokumentieren
- Reifezeit und Veränderungen

Rückverfolgung

- Bewahre die Dokumentation auf
- Welche Charge von Weihrauch war in den Stäbchen?
- Wann wurde es hergestellt?
- Wer hat es produziert?

IFRA-STANDARD-PROTOKOLL

Räucherstäbchen, welche wir im Fachhandel kaufen, duften oft anders als unsere selbst gemachten Stäbchen. Leider schaffen wir es kaum, solche feinen, manchmal kräftigen oder sinnlichen Düfte, allein mit unserem Pflanzenmaterial zu erreichen. Dabei sollte man nicht vergessen, dass in Produktionen meist ätherische Öle verwendet werden, um bestimmte Düfte hervorzuheben. Manchmal werden auch Parfumöle eingesetzt, welche als naturidentisch bezeichnet werden. Man muss sich eingestehen, dass gewisse Duftansprüche auch mit reinen ätherischen Ölen kaum erfüllt werden können. Unser selbst gemachtes natürliches Räucherwerk weist meist eine *grüne Note* auf.

Wenn man nun denkt, ätherische Öle zu verwenden, und das Räucherwerk verkaufen möchte, muss man die Vorgaben des IFRA-Standard-Protokolls einhalten.

Werden die Räucherstäbchen oder Räucherkegel nicht nur für den Eigenbedarf, sondern für den Verkauf hergestellt, betritt man ein reguliertes Feld. Denn sobald ätherische Öle oder Duftstoffmischungen ins Spiel kommen, gelten nicht nur handwerkliche, sondern auch rechtliche und gesundheitliche Anforderungen. Ein zentrales Instrument dafür sind die *International Fragrance Association Standards* (IFRA). Diese Richtlinien sind geschaffen worden, um die sichere Verwendung von Duftstoffen zu gewährleisten. Hierbei werden wissenschaftliche Erkenntnisse zu möglichen gesundheitlichen Risiken, Sensibilisierungen oder Allergien berücksichtigt.

Besonders ätherische Öle enthalten eine Vielzahl an Inhaltsstoffen. Davon sind einige potenziell allergen, wie Linalool, Estragol, Methyl-Eugenol, Thujone, Limonen etc. Damit solche Stoffe im Endprodukt keine gesundheitlichen Schäden verursachen können, gibt der IFRA-Standard klare Einsatzkonzentrationen vor. Für ätherische Öle gibt es sogenannte Sicherheitsdatenblätter. In solchen Dokumenten findet man eine detaillierte Zusammensetzung der Allergene. Auch die Deklaration der relevanten Allergene wird von der Gesetzgebung vorgeschrieben. Die Einhaltung der IFRA-Standards schützt nicht nur den Kunden vor möglichen Schäden, sondern gibt dem Produzenten Gewissheit, mit seinen Produkten auf rechtlich sicherem Boden zu stehen. Das bedeutet Rechenarbeit, die erlaubte Konzentrationshöhe muss genauestens berechnet werden.

BEACHTE

Wenn du Naturharze als Räucherstoff verwendest, werden diese als rohe Substanz verräuchert. Diese gelten nicht als Duftstoffe im Sinne der IFRA.

Es gibt für diese Naturstoffe keine direkten Grenzwerte. Als traditionell genutzte Räucherstoffe sind sie nicht standardisiert.

Anders jedoch verhält es sich etwa mit Styrax Absolute oder Weihrauch-Öl. Diese gelten nach IFRA als Natural Complex Substances (NCS). Harzextrakte sind somit IFRA-pflichtig, rohes Harz hingegen nicht.

DIE BRENNPROBE

Gehen wir davon aus, dass deine Mischung ein zufriedenstellendes Dufterlebnis bietet. Man möchte nun sicherstellen, dass die Räuchermischung ausgewogen ist und in der Lage ist, selbstständig abzubrennen.

VORGEHENSWEISE

Ich kenne inzwischen viele Personen, die sich an Kegeln versucht haben und enttäuscht sind, dass diese nach dem Anzünden ständig ausgehen. Oft können sie sich den Grund dafür nicht erklären. Leider hat man ihnen nicht vermittelt, wie ein gutes Mischverhältnis sein sollte oder wie man eine ordentliche Brennprobe macht, um die Räuchermischung zu testen. Zudem sind Kegel wohl das herausforderndste Räucherwerk.

Brennprobe

Was bedeutet es, eine Spur zu ziehen?

Man hat sich nun für eine Duftmischung entschieden und dafür gesorgt, dass das Material gut pulverisiert ist und durchgehend die gleiche Partikelgröße aufweist. Das Bindemittel ist auch gut untergerührt. Bevor man nun einen Teig herstellt und die Flüssigkeit hinzugibt, sollte man prüfen, ob die Mischung auch brennt.

DARUM SOLLTE MAN EINE SPUR ZIEHEN

Neben dem richtigen Mischverhältnis der Materialien ist dies einer der weiteren, besonders wichtigen Schritte. So kann man vor dem Formen überprüfen, ob eine gute Mischung erstellt wurde. Man kann den Duft testen und gegebenenfalls noch verbessern. Außerdem hat man die Möglichkeit, die Rauchentwicklung einer Mischung zu beobachten. Ist es zu viel oder zu wenig? Auch bemerkt man, ob ein Duft zu dominant erscheint oder ein anderer untergeht.

Weiters kann man überprüfen, ob die Duftkreation auch z. B. therapeutische Zwecke erfüllt oder für Meditationen, Rituale oder was auch immer geplant wurde, ausreichend geeignet ist.

Außerdem kann man beobachten, wie schnell das Räucherwerk brennen wird. Dringt die Glut langsam voran, werden die Stäbchen vermutlich auch langsam verglimmen. Zieht sich die Glut schnell durch die Spur, werden die Stäbchen ebenfalls rasch verglimmen.

Anleitung zum Spurziehen

- Am besten eignet sich ein Tonbecher, welcher mit japanischer Asche gefüllt wird. Die Asche wird flach gedrückt, damit eine glatte Oberfläche entsteht (Yen, 2022).
- In der chinesischen Räucherkunde gibt es eigene Messingbestecke. Man kann aber auch einfach einen Löffel dafür nehmen oder mit einem passenden Gegenstand die japanische Asche flach drücken: z. B. ein Glas.
- Damit sich darauf eine Spur ziehen lässt, gibt es Messingformen für Pulverweihrauch. Die Form legt man auf die Oberfläche und gibt etwas Pulver auf das herausgefräste Muster. Das Muster wird vorsichtig mit Pulver aufgefüllt und die Form entfernt. Nun zündet man auf einer Seite die Spur, mit Hilfe eines glühenden Stäbchens, an. Wenn die Glut der Spur entlangwandert, ist die Wahrscheinlichkeit sehr groß, dass die Räuchermischung in Form von Stäbchen oder Kegeln auch gut brennen wird.

Mit einem Messer lässt sich eine gerade Spur in die japanische Asche drücken. Diese wird mit dem Pulver aufgefüllt und angezündet. Man benötigt nicht unbedingt ein Messingbesteck dazu. Hier ist etwas Kreativität gefragt und man kann Kosten sparen.

- Geht die Glut ständig aus, kann man sicher sein, dass die Stäbchen oder Kegel nicht vollständig runterglimmen werden. Sollte dies passieren, muss man die Mischung noch einmal überdenken. Meistens stimmen die Mengenverhältnisse nicht, oft ist zu wenig Holzpulver dabei. Hat man etwas Holzpulver ergänzt, wird der Vorgang des Spurziehens wiederholt.
- Wenn die Spur schön durchglimmt und das Muster vollkommen verbrennt, wird man Erfolg mit dem Räucherwerk haben. Wenn die Brennprobe zufriedenstellend ist in Geruch, Rauchentwicklung und Glimmverhalten, gibt man die Flüssigkeit nach und nach hinzu und macht daraus den Teig.
- Der Teig wird wie Brotteig gut geknetet, damit wirklich alles gut vermischt wird. Japanische und chinesische Meister stampfen den Teig eine Zeit lang im Mörser. So erst werden die Aromen verbunden und das verwendete Bindemittel optimal aktiviert.
- Anschließend lässt man den Teig ruhen. Dafür gibt man ihn in eine Glasschüssel und deckt mit einer zweiten Schüssel luftdicht ab. Luftdicht ist wichtig, damit die Feuchtigkeit nicht entweichen kann. Nun lässt man den Teig für mindestens 30 Minuten oder besser bis zu 2 Stunden reifen. Ich lasse den Teig oft über die ganze Nacht ruhen und reifen.

DIE RÄUCHERUHR

In China zur Song-Dynastie (960–1279) entwickelte sich die Zeitmessung mittels Räucheruhr, die auch in die benachbarten Länder verbreitet wurde. Der amerikanische Historiker Edward Schafer spekuliert, dass die Räucheruhren aus Indien stammen sollen und erst dann nach China gelangt sind. Jedoch konnten in Indien keine Räucheruhren gefunden werden.

So waren Räucherschablonen ein besonders wichtiger Bestandteil der chinesischen und später auch der japanischen Kultur. Räucherschablonen spielten somit eine wichtige Rolle für die Zeitmessung und galten als Ersatz für Wasseruhren bei Dürrezeiten. Der Historiker Silvio Bedini hat sich mit dem Thema Weihrauchuhren beschäftigt. Beispiele dieser Art von Zeitmessungen sollen schon im 6. Jahrhundert n. Chr. erwähnt worden sein (Bedini, 1994). *So kamen diese in Innenräumen, wo Sonnenlicht fehlte, von Dichtern, Gelehrten oder auch in Geisha-Häusern zum Einsatz. Abgelesen wurde die Zeit entweder an der bereits zu Asche zerfallenden Strecke oder am noch verbleibenden Teil der Strecke.*

FLÜSSIGKEITEN

Zum Aktivieren unseres Binders wird eine Flüssigkeit benötigt. Für beide Binderarten verwenden wir polare Lösungsmittel.

Wasser ist eine einfache Komponente, die man immer daheim hat. Empfehlenswert ist destilliertes Wasser. Allerdings habe ich keine negativen Erfahrungen mit Leitungswasser gemacht. Es kommt aber sicherlich darauf an, wie gut die Wasserqualität aus der Leitung ist. Von Bundesland zu Bundesland kann das variieren. Kalk im Wasser kann definitiv das Brennverhalten negativ beeinflussen.

Man kann ohne Weiteres andere Flüssigkeiten verwenden. Diese können den Duft bereichern. Es gibt keine Pauschalregel, wie viel Flüssigkeit verwendet werden muss. Man sollte langsam die Flüssigkeit zum vermischten Weihrauch-Pulver geben. Etwas verrühren und gegebenenfalls noch mehr Flüssig-

keit ergänzen. Mit der Zeit bekommt man ein Gespür, wie viel Flüssigkeit es sein darf.

Es ist immer besser, zu wenig als zu viel Flüssigkeit hinzuzufügen. Denn ist zu viel Flüssigkeit enthalten, klebt der Weihrauch nicht mehr und lässt sich auch nicht formen.

Die Zugabe von **ätherischen Ölen** ist möglich und diese sollten als Flüssigkeit betrachtet werden, wenn es auch nur ein paar Tropfen sind. Ich verwende zuerst meist einen Esslöffel Wasser für eine Teigmenge von 20 g. Die Masse wird verrührt: Ist diese noch zu trocken, gebe ich mithilfe einer Pipette etwas mehr Wasser hinzu.

Der Teig sollte eine Konsistenz von Nudelteig oder Brotteig aufweisen. Er sollte auf leichten Druck nachgeben und gut zusammenhalten. Ein kräftiges Durchkneten hilft, um die Pflanzenpulver intensiv zu durchmischen und auch den Binder komplett zu aktivieren. Der ideale Teig ist weich, geschmeidig, glänzend und hält die Form.

BEACHTE

Je nach Gummibinder lässt sich keine Konsistenz wie bei einem Brotteig erreichen. Eine Grundmasse aus Gummibinder bleibt oft etwas bröselig und klebrig. Mit Ausnahme von Tragant-Gummi.

Es ist empfehlenswert, Kegelformen zu verwenden, damit diese schön werden.

TIPP

Man muss nicht gleich Kegelformen kaufen. Das Günstigste ist, ein Stück Backpapier zu verwenden, welches man zu einem Kegel aufrollt. Nun drückt man den Teig gut rein. Auf diese Weise erhält man ganz einfach einen Kegel. Der Nachteil davon ist, dass man jeden Kegel einzeln formen muss. Mit einer Form lassen sich zwei oder mehr Kegel auf einmal pressen.

WELCHE FLÜSSIGKEITEN KANN MAN VERWENDEN?

Verwendbar sind diverse **Fruchtsäfte**. **Hydrolate**, ein Nebenprodukt der ätherischen Ölproduktion, bringen einen wunderbaren intensiven Duft mit in das Räucherwerk. Diverse **Kräutertees** oder **Früchtetees** eignen sich ebenfalls wunderbar für das Räucherwerk.

In den Anfängen meiner Kräuterkarriere habe ich viele **Tinkturen** angesetzt. In meiner Euphorie habe ich alle möglichen Kräuter ausgezogen. Ich besitze eine ganze Schublade davon, jedoch benötige ich nur einen Bruchteil. Wenn es dir ähnlich geht, dann hast du nun die Gelegenheit, deine Tinkturen für dein Räucherwerk sinnvoll zu verwenden. Somit war weder die Arbeit noch das Material umsonst.

Du kannst die Tinktur direkt als Flüssigkeit verwenden oder reduzierst sie zu einem Extrakt ein. So ein Extrakt wird oft sehr intensiv im Duft. Besonders gut eignet sich ein Magnetrührer mit Heizfunktion. So kannst du sehr schonend deine Tinktur eindampfen. Übrig bleibt eine kleine Menge, die auch harzig und etwas dickflüssig sein kann, natürlich je nach verwendetem Ausgangsmaterial der Tinktur.

TIPP

Ich lasse meine Extrakte gerne zwei bis drei Monate reifen. Mit der Zeit entwickelt der Extrakt einen starken Duft.

Eine schöne Zutat für dein Räucherwerk ist auch **Honigwein**. Dieser bringt gleich noch den süßen und lieblichen Duft von Honig mit in deine Mischung.

Allerdings ist es besser, diesen nicht als alleinige Flüssigkeit zum Befeuchten zu verwenden. Der süße Duft sollte bei der Kreation mitbedacht werden.

Weitere Möglichkeiten wären **Sojasauce**, **Rotwein** oder **Weißwein**.

In meiner Duftmischung *Mielikkis Reich* kommt **Sturmwasser** hinzu, welches ich bei einem Unwetter gesammelt habe.

FLORIDA WATER

Etwas ganz Besonderes ist die Zugabe von einem selbst angesetzten Florida Water. Es ist eine Art Eau de Toilette, das 1808 kreiert wurde. Die Idee geht auf den New Yorker Parfümeur Robert I. Murray zurück (Sullivan, 2016). Florida Water galt als ein besonders intensives Parfüm und wurde als eines der beliebtesten Duftstoffe beworben. Zudem findet man Florida Water oder ähnliche Produkte weltweit in den unterschiedlichsten Kulturen wieder. Der Einsatz ist vielseitig: als Lufterfrischer, um Wäsche aufzufrischen, als Körperspray, aber es wird auch für spirituelle Zwecke verwendet.

REZEPT

Marlies' Variante von Florida Water

- Zesten von ca. 2–3 Bio-Zitronen
- Zesten von 1 Bio-Orange
- 2 Stangen Cylon-Zimt
- 4 Nelken
- 4 Kardamomkapseln, angestoßen
- 1 TL Szechuan Pfeffer
- je ca. 1 EL frische Kräuter wie Duftrosenblüten (*Rosa canina*), Bauernjasmin (*Philadelphus coronarius*), Eukalyptusblätter (*Eukalyptus gunnii*), Zitronenmelisse (*Melissa officinalis*) – die Kräuter sind austauschbar
- 500 ml Wodka 40 %

- Alles in ein sauberes Glas füllen und mit Wodka übergießen.
- Ich habe meinen Ansatz für 12 Monate ziehen lassen.
- Danach abfiltern und in eine Sprayflasche füllen.

Das Ergebnis spricht für sich. Es ist ein besonders intensives Florida Water entstanden.

Dieses Florida Water kannst du wunderbar als Flüssigkeit in deine Räuchermischung geben.

Florida Water

QUEEN OF HUNGARY'S WATER VON 1370

Aqua Reginae Hungariae

Dieser Duft wurde angeblich erstmals für Königin Elisabeth I. von Ungarn 1370 kreiert. So besagt es zumindest die Gründungslegende. Belege aus dem 14. Jahrhundert gibt es allerdings leider keine mehr. Frühneuzeitliche Quellen erwähnen diesen Ansatz erst ab dem 17. Jahrhundert. Annick Le Guérer, eine Parfum- und Kulturhistorikerin, ordnet die Geschichte vom Königin-von-Ungarn-Wasser einer marketinghaften Geschichte zu.

Erst 1694 in der Pharmacopoeia Bateana oder Bate's Dispensatory gibt es ein konkretes Rezept zum Aqua Hungarica oder Aqua Reginae Hungariae (Bate, 1694) genannt.

Ab dem 18. und 19. Jahrhundert treten zahlreiche Formeln und Varianten auf. Die Hauptkomponenten sind aber Rosmarinblüten samt Kraut.

Weitere Grundzutaten waren meistens Zesten von Zitrusfrüchten, z. B. von Zitronen, Melisse, Minze, Lavendel, Rosen und Orangenblüten.

Ursprünglich wurde es mit hochprozentigem Alkohol angesetzt und für die Gesundheit verwendet.

Queen of Hungary, abgefiltert

Marlies' Variante von Aqua Hungarica

- 15 g Rosmarin-Blätter und -Blüten (*Salvia rosmarinus*)
- 10 g Rosenblüten (*Rosa canina*) oder andere Duftrosen aus dem Garten
- 5 g Zitronenmelisse (*Melissa officinalis*)
- 5 g Salbei (*Salvia officinalis*)
- 3 g Pfirsich-Salbei (*Salvia greggii Peach*)
- 1,5 g Lavendel (*Lavandula angustifolia*)
- 2 g Ringelblume (*Calendula officinalis*)
- 4 g Minze (z. B. *Mentha* x *piperita* oder Ähnliches)
- 4 g Immortelle (*Helichrysum italicum*)
- 2 g Zesten von Bio-Zitronen
- 300 ml Korn 60 %

- Die Kräuter etwas klein schneiden und in eine Flasche füllen.

- Mit Korn übergießen und mindestens 6 Wochen ziehen lassen. Ich lasse die Pflanzenteile über ein paar Monate ausziehen und filtere dann ab.

- Der Auszug wird in saubere Flaschen gefüllt und kann als Raumspray genauso verwendet werden wie als Duftzutat in unserem Räucherwerk.

Queen of Hungary

Diverse Harz-Tinkturen

In hochprozentigem Alkohol gelöste Harze kann man auf diese Weise zur Mischung geben. Auf diese Art lässt sich Harz sehr einfach in die Räuchermischung einarbeiten. Allerdings verwende ich diese nicht als alleinige Flüssigzutat. Denn in gelöster Form hat man keine Kontrolle über die Gesamtmenge, welche 10 % nicht übersteigen sollte. Durch den Trocknungsprozess verflüchtigt sich der Alkohol und zurück bleibt nur das Harz.

Besonders gerne mache ich Tinkturen aus Harzen, die weich oder flüssig sind. So lassen sie sich wunderbar verarbeiten. Ich habe generell Harztinkturen in Gebrauch, ob für meine Kosmetik, Cremes oder für mein Räucherwerk. Hier habe ich ein paar Beispiele.

Harz

SANGRE DE DRAGO ODER DRACHENBLUT-TINKTUR

Auch als Sangre de Grado, Sanguis draconis bekannt.

Das Harz aus dem Nordwesten Südamerikas wird seit Jahrhunderten von der nativen Bevölkerung als Heilmittel verwendet, ebenso als Räucherzutat (Schneider, Natur zum Wohlfühlen, 2023). Eingesetzt wurde es unter anderem für Schutz und Reinigung, Heilrituale oder Opferräucherungen. Beim Verräuchern verströmt das Harz einen intensiv würzig-harzigen Duft.

Gewonnen wird das Exsudat aus dem Baum *Croton lechleri* aus der Familie der Wolfsmilchgewächse und es hat eine tiefrote Farbe. Es gibt noch andere Baumlieferanten für das Harz, die Gattungen *Dracaena* und *Daemonorops* (Johann, 2020). Eine Tinktur kann im Verhältnis 1:5 hergestellt werden.

REZEPT

DRACHENBLUT-TINKTUR

- 10 g Drachenblut-Harz-Pulver oder Harz von *Sanguis draconis* aus *Croton lechleri*
- 50 g Korn 80 %

- Ansetzen und für 2 Wochen ziehen lassen.
- Immer wieder schütteln.

Sangre de Drago

MASTIX-TINKTUR

Pistacia lentiscus-Harz

Georg Dragendorff schreibt 1898 in seinem Buch *Die Heilpflanzen der verschiedenen Völker und Zeiten*, dass das Harz vom Baum *Pistacia lentiscus* stamme, welches auf den griechischen Inseln vorkomme und auch kultiviert werde. Ferner schrieb er, dass das Mastix-Harz (Baumharz von *Pistacia lentiscus*) bei den griechischen Autoren als *Schinos* bezeichnet wurde. Bei den Römern wurde es als *Mastiche Chia* bezeichnet (Dragendorff, 1898). Zudem werden noch weitere Bäume als Mastix-Harz-Lieferanten angeführt.

Mastix-Harz bekommt man als kleine gelbliche Perlen zu kaufen. Der Duft ist fein, leicht und etwas zitrusartig. Mastix verwende ich gerne, wenn ich einen besonders fröhlichen Duft erhalten möchte. Ich kombiniere es oft mit Zitronengras und Chrysanthemen.

REZEPT

MASTIX-TINKTUR

- 10 g Mastix, etwas zerstoßen
- 30 g Weingeist 96 %

- Ansetzen und für 2 Wochen ziehen lassen. Immer wieder schütteln.

Mastix-Tinktur

FRIAR'S BALM

Fryar's Balm aus Benzoe Siam – Styrax tonkinensis-Harz

Diese Tinktur aus Benzoe Siam ist immer in meiner Hausapotheke vorrätig. Ich verwende diese Harztinktur auch für mein Räucherwerk.

Beim Friar's Balm handelt es sich um ein historisches Rezept von 1760. Es wird dem britischen Arzt Dr. Joshua Ward zugeschrieben (Schneider, 2024). Einen ausführlichen Artikel zur Anwendung in der Volksheilkunde findest du auf meinem Blog *www.naturzumwohlfuehlen.com.*

REZEPT

Marlies' Variante von Friar's Balm

- 50 g Benzoe Siam, pulverisiert
- 150 ml Korn 80 %

- Damit das Harz schneller gelöst wird, solltest du es pulverisieren. Anschließend gibt man es in ein sauberes Glas und übergießt es mit hochprozentigem Korn.
- Täglich schütteln, bis sich das Harz gelöst hat. Nun die Tinktur abfiltern und in dunkle Flaschen füllen.

Friar's Balm

ZUBEHÖR

UM DEIN RÄUCHERWERK HERZUSTELLEN

- Zum Zerkleinern und Pulverisieren deiner Zutaten sind ein Mörser mit Stößel sowie eine Kaffeemühle oder ein Hochleistungsmixer sehr hilfreich.
- Feinwaage zum Abwiegen deiner Zutaten, besonders für kleine Mengen
- Gläser mit Schraubdeckel zum Aufbewahren deiner Pflanzenpulver
- 2 oder 3 Schüsseln aus Glas, Keramik oder Emaille, um die Zutaten zu mischen und abzudecken
- Messlöffel in verschiedenen Größen
- Spatel und ein paar Holzlöffel
- Ein kleines Messer oder ein Pizzaschneider
- Ein großes Holzbrett für die Verarbeitung
- Trockengitter, großes Holzbrett oder Tabletts zum Trocknen des Räucherwerks. Beachte, dass dein Räucherwerk Flecken oder Rückstände verursachen kann.

Zubehör

- Hilfreich ist ein Trockenbrett mit Rillen für Räucherstäbchen, das verhindert, dass die Stäbchen während des Trocknens krumm werden.
- Ein Extruder ist für die Herstellung von Räucherstäbchen sehr hilfreich. Am besten funktionieren Edelstahl-Extruder mit einer Kurbel. (Mehr dazu in *Räucherstäbchen ohne Holzkern* ab Seite 108.)
- Diverse Silikonformen, Kegelformen – optional
- Einweg- oder Glaspipetten
- Holzstäbchen für Räucherstäbchen mit Kern
- 2 oder 3 Becher für deine Flüssigkeiten
- Handschuhe, optional
- Maske gegen den Staub
- Ein Tonbecher und japanische Asche/Reisasche oder eine Schale mit sehr feinem Räuchersand
- Messingbesteck und Formen zum Spurziehen, optional.
- Feuerzeug
- Eine geeignete Unterlage – ich verwende eine Korkunterlage.
- Ein richtiges Sieb, um dein Pflanzenpulver zu sieben. Ideal ist ein Sieb 80-maschig. Ich habe ein Trockenbrett mit Netzeinsatz, das so fein ist wie ein 80-maschiges Sieb. Es kann somit den Zweck des Siebes übernehmen.

Siebe

Das richtige Mischverhältnis

Auf Social Media sieht man so oft Personen, die sich an Räucherwerk versuchen. Sie sind stolz auf ihre besonders *reinen* Produkte, welche nur aus Harz und Kräutern bestehen. Sie sehen in der Tat meist bezaubernd aus. Doch es fehlt an Wissen der richtigen Einsatzmengen des verwendeten Materials. Man wundert sich dann, warum das Produzierte nicht brennen will.

Hält man sich an das richtige Mischverhältnis und absolviert auch den Vorgang des Siebens und Spurziehens, steht einem Gelingen nichts im Wege. Das Mischverhältnis ist entscheidend, ob man Erfolg haben wird.

50 %
Basismaterial / Brennmaterial

Damit das Räucherwerk auch brennt.

Holzpulver, aber auch Kohle ohne Zusätze und Holzbinder werden hier dazugezählt

Oliven-, Sandel-, Adler-, Mandel-, Zedernholz etc.

Joss-, Makko-Pulver

Buchenholzkohle

10–15 %
Harze

Sie liefern eine wunderbare Duftkomponente. Können aber das Brennverhalten stark beeinträchtigen.

Reine Harze, Gummiharze, Gummi, Balsame, Harz-Tinkturen

Weihrauch, Copal, Mastix, Benzoe, Styrax etc.

30–40 %
Pflanzen

Sie liefern uns viele verschiedene Aromen.

Kräuter, Rinden, Blüten, Wurzeln

Lavendel, Rosenblüten, Beifuß, Rosmarin, Bohnenkraut, Minzen, Alant, Angelika, Chrysanthemen etc.

Herstellung von Räucherwerk

RÄUCHERKEGEL

Räucherkegel haben, wie der Name schon sagt, eine Kegelform mit einem ausreichenden Boden, damit sie gut stehen können. Kegelformen lassen sich mit Hilfe von Formen oder per Hand herstellen. Man benötigt nur eine hitzestabile Unterlage, um die Kegel zu verbrennen. Die Kegel sind recht stabil und können gut transportiert werden, ohne dass Gefahr besteht, dass sie brechen. Ich bewahre sie meist in einem Gläschen oder in einer kleinen Holzbox auf.

Durch die konische Form kann ein Kegel beim Abbrennen mehr Rauch entwickeln, weil er weiter unten mehr Pflanzenmaterial verbrennt. Kegel haben meist eine kürzere Brennzeit als Stäbchen. Entzündet werden sie an der Spitze und glimmen dann langsam ab. Zum Verglimmen werden sie auf eine feuerfeste Unterlage gestellt, weil harzhaltige Kegel gerne Flecke hinterlassen.

Kegel können sehr tückisch sein. Es ist meines Erachtens die anspruchsvollste Art von Räucherwerk. Ich hatte früher immer die Annahme vertreten, für Kegel dürfe das Basismaterial auch etwas gröber sein, damit sie ideal brennen. Es hat sich gezeigt, dass diese Annahme nicht pauschal gilt. Manchmal brennen sie trotz gröberen Materials nicht ab. Zudem habe ich oft einen Rest vom Stäbchenteig übrig, daraus mache ich gerne Kegel. Das Komische ist nur: Das Spurziehen war sehr gut, die Stäbchen glimmen perfekt, aber der Kegel brennt nicht. Ein Kegel muss manchmal drei Mal gezündet werden, bis er endlich runterglimmt.

Ein Loch vom Boden zur Spitze hat sich bewährt, damit mehr Sauerstoff dazukommt. Üblicherweise macht man das bei Rückfluss-Räucherkegeln. Der Nachteil ist, dass der Rauch dann nach unten statt nach oben steigt. Dieser Vorgang ist nicht immer erwünscht. Manchmal möchten wir, dass der Rauch aufsteigen kann. Dann benötigt man etwas mehr Brennstoff wie Buchenholzkohle ohne Zusätze, Chaga-Pulver oder Nelkenpulver zur Unterstützung. Wenn man von vornherein die Herstellung von Kegeln plant, kann man gleich mit etwas mehr Brennstoff arbeiten. Kegel werden fast immer ein Erfolg mit der Zugabe von Buchenholzkohle.

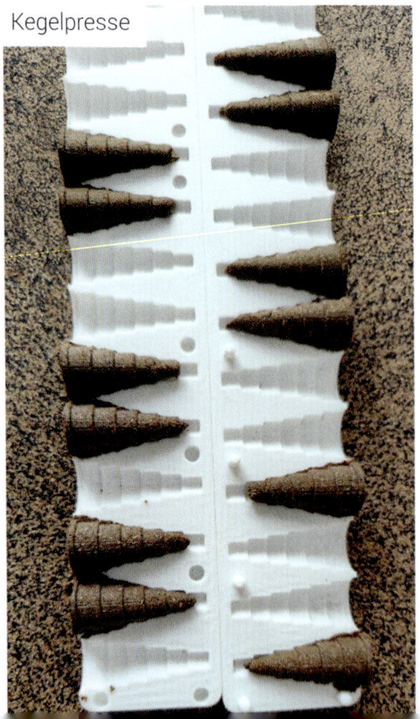

SCHRITT-FÜR-SCHRITT-ANLEITUNG

Berücksichtige das richtige Mischverhältnis der ausgewählten Materialien.

BASISMATERIAL VORBEREITEN: Die ausgewählten Hölzer sind unser Basismaterial und sollten ca. 50 % der Mischung ausmachen. Das Holz wird pulverisiert und gesiebt. Wie erwähnt, empfehle ich die Zugabe von Buchenholzkohle ohne Zusätze für ein konstantes Glimmen.

HARZE VORBEREITEN: Die ausgesuchten Harze werden in einem Mörser verrieben. Es soll auch ein feines Pulver entstehen. Die benötigte Menge von maximal 10 bis 15 % abwiegen und auf die Seite stellen. Bei Kegeln empfehle ich die Harze möglichst niedrig zu dosieren.

PULVER MISCHEN: Die Kräuter der Wahl separat zu Pulver vermahlen. Die benötigte Menge aller Kräuter von ca. 40 % abmessen.

BINDEN: Den Gummibinder maximal 10 % – umso niederer, umso besser. Man kann auch einen Holzbinder von maximal 20 % in Pulverform einsetzen. Anschließend werden alle benötigten Materialien in der Schüssel in trockenem Zustand gut durchmischt.

BEACHTE

Mit der Zugabe des Basismaterials und der Buchenholzkohle ohne Zusätze wird die Brenngeschwindigkeit gesteuert. Das bedeutet, brennt der Weihrauch zu schnell, gibt man mehr Kräuterpulver hinzu. Brennt er zu langsam, gibt man mehr Basismaterial hinzu. Die Zutatenmengen genau notieren, um sich an das richtige Mischverhältnis heranzutasten. Es ist zusätzlich der erste Duftest der Weihrauchmischung. Der Vorgang des Spurziehens wird so lange wiederholt, bis man mit dem Ergebnis zufrieden ist.

SPURZIEHEN: Jetzt wird deine Rezeptur getestet. Diesen Vorgang sollte man nie auslassen. Noch besteht die Gelegenheit, eine Korrektur vorzunehmen. Die Brennprobe wird wie auf Seite 80 beschrieben ausgeführt. Erst wenn die Brennprobe erfolgreich war, kommt der nächste Schritt.

FLÜSSIGKEIT: Nachdem nun alle Pulver gut vermengt wurden, die Brennprobe und der Duft zufriedenstellend waren, gibt man nach und nach die Flüssigkeit hinzu. Damit nicht zu viel davon in den Teig gerät, ist eine Pipette hilfreich. Der Teig wird formbar und sollte die Konsistenz von Knete haben. Der Teig wird für einige Minuten gut durchgeknetet. Das Bindemittel wird auf diese Weise optimal aktiviert. Anschließend wird der Teig einige Zeit im Mörser gestampft. Dieser Schritt sollte nicht ausgelassen werden, denn erst durch das Stampfen wird der Teig schön geschmeidig.

Lasse den Teig nach dem Kneten für mindestens 2 Stunden luftdicht abgedeckt ruhen. Ist der Teig luftdicht abgedeckt, kann man ihn über Nacht in den Kühlschrank geben und erst am nächsten Tag weiter bearbeiten.

Teig kneten

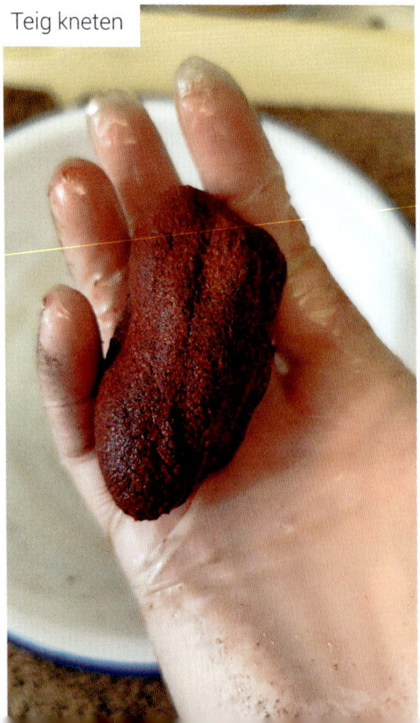

Teig stampfen

FORMEN: Nun werden kleine Kegel aus der Masse geformt. Das geht am besten, wenn man zuerst eine Kugel oder eine längliche Form rollt und anschließend die Spitze daraus dreht. Es gibt auch geeignete Kegelformen, in die man den Teig hineindrückt. So sind die Kegel besonders gleichmäßig. Allerdings haben handgeformte Kegel meines Erachtens mehr Charme.
Es gibt Silikonformen oder Plexiglasformen für kleine Kegel. Dies ist ideal, wenn man in kurzer Zeit möglichst viele Kegel produzieren möchte. Außerdem kann eine Form das Herstellen von Kegeln erleichtern, wenn man ein schwaches Bindemittel verwendet.

Die Kegel brennen besser, wenn sie möglichst schlank geformt werden. Umso breiter Kegel nach unten werden, umso problematischer kann das Abbrennen sein.

TROCKNEN LASSEN: Die Kegel auf einem Holzbrett oder Trockengitter für ca. 14 Tage trocknen lassen. Idealerweise lässt man die Kegel für ein paar Wochen reifen, bis sich die Aromen richtig verbunden haben: Es lohnt sich.

Kegel zünden

RÜCKFLUSS-RÄUCHERKEGEL

oder auch Back-Flow-Kegel genannt

Rückfluss-Räucherkegel sind eine spezielle Art von Räucherwerk. Es ist eine sehr moderne Art, die mir viel Spaß macht. Bei diesen Kegeln soll der Rauch durch ein Loch in der Kegelmitte hinunterfließen statt aufsteigen. Damit das perfekt funktioniert, benötigt man eine passende Keramik, auf die man den Kegel stellen kann, und der Rauch fließt wie ein Wasserfall hinab.

Es lohnt sich, solche Kegel selbst herzustellen, denn diese Art von Kegeln auf dem Weltmarkt ist meist besonders schlecht und kommt fast immer aus industriellen Großproduktionen. Künstliche Farben und Aromen sind gängig.

Dabei sind Rückfluss-Räucherkegel ganz einfach herzustellen. Berücksichtigt werden sollte die etwas andere Form des Kegels. Der Kegel sollte bauchig sein und somit die breiteste Stelle in der Mitte aufweisen und nach unten hin wieder etwas schlanker werden. Hierfür gibt es Plexiglasformen, die die Formgebung massiv erleichtern.

Solange sich der Kegel noch in der Form befindet, wird ein Loch vom Kegelboden bis fast zur Spitze gebohrt. Das ist wichtig, damit der Rauch nach unten fließen kann. Man sollte darauf achten, das Loch vor der Entnahme aus der Form zu setzen. Setzte man das Loch im Nachhinein, besteht die Gefahr, dass er zerbricht. Der Kegel wird bei der eigens dafür produzierten Räucherkeramik richtig aufgesetzt, damit der Rauch perfekt abfließen kann.

SCHRITT-FÜR-SCHRITT-ANLEITUNG

VORGEHENSWEISE: Dies ist ganz genau gleich wie bei einem herkömmlichen Räucherkegel, nur die Form und das Loch, welches eingearbeitet werden muss, unterscheiden sich etwas.

TROCKNEN LASSEN: Zum Schluss auf einem Trockengitter platzieren. Die Kegel an einem trockenen, luftigen Ort für ca. 14 Tage trocknen lassen. Im Sommer geht das wunderbar draußen, ohne direkte Sonneneinstrahlung.

RÄUCHERSTÄBCHEN

Wir unterscheiden Räucherstäbchen mit Holzkern und ohne Holzkern. Die Vorgehensweise der Teigproduktion ähnelt aber der des Kegels.

REZEPT

SCHRITT-FÜR-SCHRITT-ANLEITUNG

Für Räucherstäbchen sollten alle Materialien eine gleiche Partikelgröße aufweisen. Jede Zutat, welche erst zerkleinert werden muss, sollte gesiebt werden. Für Stäbchen verwenden wir nur das feinste Material. Das angegebene Mischverhältnis muss auch für Stäbchen eingehalten werden!

BASISMATERIAL VORBEREITEN: Die ausgewählten Basismaterialien in einem Hochleistungsmixer zu Holzmehl pulverisieren. Bei Stäbchen ist es besonders wichtig, dass wir nur das feinste Material verwenden.

HARZ VORBEREITEN: Das ausgewählte Harz im Mörser zu sehr feinem Pulver mörsern.

KRÄUTER UND GEWÜRZE: Auch die gewünschten Kräuter und Gewürze werden vermahlen und gesiebt. Ebenso wird hier nur das feinste Material verwendet.

BINDEN: Für Stäbchen ist ein Holzbindemittel wie Joss ideal, es liefert sehr stabile Stäbchen. Nicht nur unser Basismaterial dient als Brennstoff, sondern auch der Holzbinder. Gibt man etwas Gummibinder hinzu, brechen die Stäbchen nicht so schnell.

MISCHEN: Nach dem Sieben und Abwiegen der Materialien gibt man alle Zutaten in getrockneter Form in eine Schüssel und durchmischt diese sehr gut. Ich gebe diese Mischung noch einmal in meine Kaffeemühle oder meinen Mörser und mixe alles durch. Die Mischung ist so gut vermischt und nun siebe ich ein weiteres Mal.

SPURZIEHEN: Wie bei den Kegeln ist dieser Schritt entscheidend. Für die Brennprobe zieht man mit einem Löffel einfach eine Kerbe in die Asche, befüllt diese mit dem Weihrauch-Pulver und zündet die Spur an einem Ende an. Erst wenn man auch hier mit dem Duft und der Brennprobe zufrieden ist, werden die nächsten Schritte ausgeführt.

FLÜSSIGKEIT: Auch hier sollte die Konsistenz an Knete erinnern. Den Teig sollte man besonders gutkneten, damit sich der Holzbinder aktivieren kann. Das Kneten des Teiges darf schon einige Minuten in Anspruch nehmen. Wie bei den Kegeln wird der Teig anschließend noch mit dem Mörser bearbeitet.

Danach den Teig luftdicht abdecken. Ich verwende dafür eine größere und kleinere Schüssel. In die große Schüssel gibt man den Teig und mit einer kleinen Schüssel deckt man diesen ab. Nun wird der Teig mindestens 2 Stunden oder auch über Nacht reifen gelassen. Über Nacht stellt man ihn einfach in den Kühlschrank.

Das Rollen von Hand erfordert etwas Geschick und benötigt eine gute Teigkonsistenz.

RÄUCHERSTÄBCHEN OHNE HOLZKERN

Das Rollen der Stäbchen von Hand bedarf einiges an Übung. Oder der Teig wird durch einen Extruder gedrückt. Der Teig wird zu einer dicken Wurst gerollt. Ein Stück abstechen und in den Extruder füllen. Langsam kurbeln, bis eine Schnur herausgedrückt wird. Je nach gewünschter Länge wird das Stäbchen abgeschnitten. Man erhält wunderschöne gleichmäßige Räucherstäbchen ohne Holzkern. Zum Trocknen auf ein Holzbrett legen. Man kann sie mit Hilfe eines Lineals auf einem Trockenbrett schön ausrichten, damit sie gerade bleiben. Bei feinstem Pulver werden die Stäbchen sehr schön. Verwendet man zu grobes Pulver, kommt der Teig nicht sauber aus dem Extruder. Bei dicken Stäbchen lässt sich das gut nachkorrigieren, indem man die Stäbchen einfach noch etwas über ein Holzbrett rollt. Bei sehr dünnen Stäbchen ist es schwieriger, denn es können dadurch Bruchstellen entstehen. Dünne Stäbchen ohne Holzkern sind empfindlicher und brechen schneller.

Es gibt für diese Art von Stäbchen kleine Tonschalen mit einem passenden Loch. Die Asche wird von der Tonschale aufgefangen. Ich verwende meistens eine kleine Schale mit Sand befüllt, in der ich das Stäbchen hineinstecke und anzünde.

DER EXTRUDER – EIN WICHTIGES WERKZEUG

Für den Extruder gibt es verschiedene Einlagescheiben. Man kann also entscheiden, ob die Stäbchen dünn oder etwas dicker sein sollen.

Der Nachteil von Extrudern mit Einlagescheiben ist, dass die Stäbchen sehr rau und brüchig herauskommen. Sie müssen anschließend von Hand korrigiert werden und brechen dabei. Diese Bruchstellen spachtelt man mit einem Messer zu und rollt die Stäbchen nochmals von Hand nach.

Für kurze Stäbchen mit einer Länge von 5 bis 7 cm und einem Durchmesser von ca. 4 bis 5 mm funktioniert die Variante gut. Man erhält schöne Stäbchen, mit einer gleichmäßigen Dicke. Für lange Stäbchen zwischen 10 und 20 cm sollte ein Extruder mit einer Endröhre verwendet werden. Der Nachteil ist, dass es keine unterschiedlichen Aufsätze gibt, nur zwei verschiedene Stärken: mit einem Durchmesser von ca. 1,5 mm oder ca. 3,0 mm.

TIPP

Wer einen 3D-Drucker hat, kann sich geeignete Einlagen für den Extruder drucken. So habe ich mir verschiedene Lochgrößen selbst gedruckt. Die Ergebnisse sind wirklich gelungen.

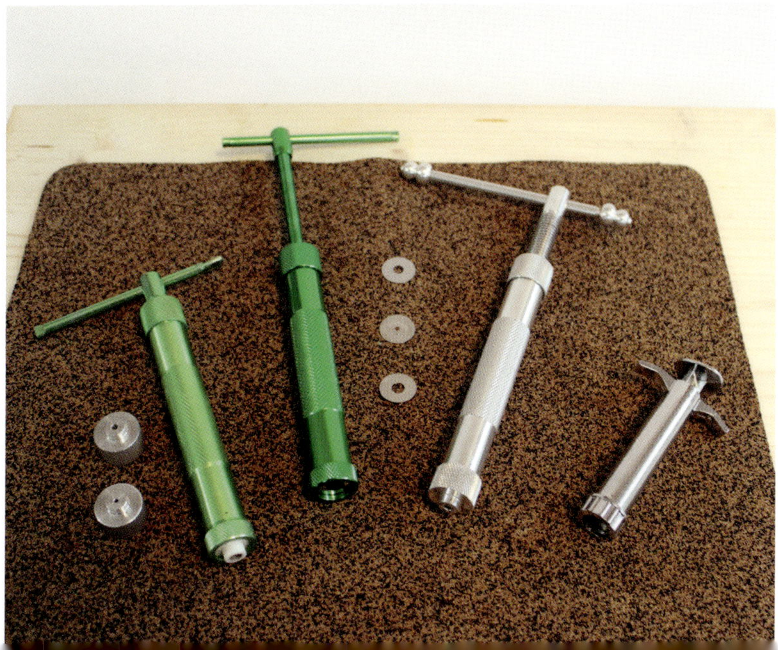

RÄUCHERSTÄBCHEN MIT HOLZKERN

BAMBUSSTÄBCHEN ALS KERN: Die Vorbereitung der Materialien ist gleich wie bei den Stäbchen ohne Kern. Der Teig wird zu einer dünnen Rolle geformt. Das Stäbchen wird hineingedrückt und anschließend wird der Teig rund um das Bambusstäbchen gewirkt. Nun werden die Stäbchen zum Trocknen auf ein Brett gelegt. Wenn man eine etwas dickere Styroporplatte hat, kann man die Stäbchen zum Trocknen in die Styroporplatte stecken.

RÄUCHERPASTILLEN ODER ANDERE FORMEN

Diese Art von Räucherwerk ist aus der griechisch-orthodoxen Kirche bekannt. Meist bestehen diese kleinen Pastillen aus einer Mischung von Harzen, Gewürzen, Kräutern und Hölzern. Pastillen können eine unregelmäßige Form haben. Traditionell werden sie meist in kleine Rauten oder Quadrate geschnitten. Üblicherweise werden diese kleinen Pastillen auf Kohle oder Mica-Plättchen gelegt. Ein elektrischer Räucherofen ist für Pastillen auch geeignet.

Ich stelle gerne Räucherpastillen in einer Blattform her. Dabei wird der Teig in eine Silikonform gepresst. Im Grunde verwende ich einen Teig, der für die Räucherstäbchenherstellung geeignet ist. Die Vorgehensweise wird bis zum

Räucherstäbchen mit Holzkern

Ruhen des Teiges eingehalten, nur dass ich daraus anschließend Pastillen oder Blätter forme statt Stäbchen. Die Pastillen lässt man für einige Tage trocknen. Je nach Größe und Dicke dauert die Trocknung bis zu 14 Tage.

Habe ich eine Blattform gestaltet, stecke ich diese in den Sand und zünde die Spitze davon an. Sind es kleine Blumenformen, lege ich diese manchmal einfach auf ein Mica-Plättchen und genieße den Duft.

In Japan finden wir eine ähnliche Art des Verräucherns von Räucherpastillen, nur mit kaum einer Rauchentwicklung. Im traditionellen Koh-Doh werden Räucherpastillen nur erwärmt und der Duft wird auf diese Art freigesetzt. Es ist wohl die raffinierteste Technik, einen Duft freizusetzen.

Dafür benötigt man einen Tonbecher, welcher mit japanischer Asche gefüllt wird. Auf diese japanische Asche legt man eine kleine entzündete Bambuskohle. Wenn diese ergraut ist, wird mit der Asche eine Art Kegel darüber geformt. In der Mitte wird ein Tunnel geöffnet, der bis zur Bambuskohle reicht. Auf den Tunnel wird nun ein Mica- oder Glimmerplättchen gelegt. Ich gebe zu, ich bin absolut talentfrei für diese Methode des Räucherns. Das Mica-Plättchen wird nun gleichmäßig erwärmt und die Hitze kann aufsteigen.

Räucherpastille

Becher mit Mica

Man kann eine Räucherpastille oder ein Harz auflegen und ein zarter Wohlgeruch wird freigesetzt. Der Tonbecher wird direkt zur Nase geführt, um den Duft einzuatmen. Diese Technik ist besonders für Edelhölzer und für exklusive Zutaten geeignet. Ich für meinen Teil habe schon Schwierigkeiten, einen schönen Kegel zu formen. Kein Wunder, es gibt in Japan Koh-Doh-Meister, die diese Technik perfekt beherrschen und jahrelange Übung darin haben.

Eine weitere rauchlose Variante für Pastillen ist der Elektroräucherofen. Man sollte das nicht gleich verurteilen, nur weil es mit Strom betrieben wird. Es ist einfach eine andere Art, einen Duft freizusetzen, ohne starke Rauchentwicklung. Diese Variante ist einfach zu handhaben und liefert ähnliche Ergebnisse. Es lassen sich auch Harze oder Kyphi damit erwärmen. Gute Räucheröfen haben meist auch einen Temperaturregler, um diese den Materialien anzupassen.

Es gibt unzählige schöne Silikonformen, die verwendet werden können. Pralinenformen eignen sich sehr gut. Aber auch Aufleger-Formen aus der Seifenherstellung sind geeignet. Diese sind nicht sehr hoch und darum besonders brauchbar. Meine Pastillen haben meist eine Höhe von ca. 2 bis 3 mm und werden nach dem Trocknen am Rand angezündet. Dafür lege ich sie auf eine feuerfeste Unterlage oder auf einen Stein, der genauso geeignet ist.

Elektroräucherofen

Silikonformen

RÄUCHERKUGELN

Wenn wir unser Pflanzenmaterial sieben, haben wir immer etwas gröberes Material übrig. Für Kugeln ist dieses je nach Mischung verwendbar.

SCHRITT-FÜR-SCHRITT-ANLEITUNG

HARZE UND HÖLZER VORBEREITEN: Hölzer in einer Kaffeemühle zermahlen und anschließend sieben. Hierbei verwenden wir nun das gröbere Material anstatt des ganz feinen Pulvers wie bei Stäbchen oder Kegeln. Das Holz muss zwar nicht durch ein 80er-Sieb passen, aber es sollte dennoch möglichst fein sein. Das Harz wird wie gewohnt im Mörser zu Pulver verarbeitet. Sollten die Kugeln selbstbrennbar sein, ist die Zugabe von Buchenholzkohle ohne Zusätze äußerst hilfreich.

PULVER MISCHEN: Pflanzenpulver zu den Harzen und Hölzern geben, eventuell ätherische Öle beimengen.

BINDEN: Bindemittel nach Wahl hinzugeben. Für Räucherkugeln ist eine Mischung aus Holzbinder in Kombination mit einem Gummibinder geeignet.

Räucherkugeln

FLÜSSIGKEIT: Vorsichtig Flüssigkeit ergänzen, bis ein formbarer Teig entsteht. Für Kugeln kann man auch ein klein wenig Honig für das Aroma hinzugeben. Möchte man gerne Trockenfrüchte wie Datteln oder Dörrpflaumen verwenden, handelt es sich um kein selbstbrennbares Räucherwerk mehr. Aber für Kugeln sind Trockenfrüchte ein gutes Bindemittel.

KUGELN FORMEN: Kleine Kugeln aus der Masse formen.

TROCKNEN LASSEN: Auf einem Trockengitter platzieren. Die Kugeln an einem trockenen, luftigen Ort trocknen lassen. Nach dem Trocknen sollte das Räucherwerk luftdicht verpackt und aufbewahrt werden.

BEACHTE

Honig zieht Wasser an und der Trockenvorgang muss regelmäßig kontrolliert werden.

Werden Datteln, Rosinen oder Dörrpflaumen verwendet, dauert die Trockenzeit lange und die Reifezeit mehrere Monate.

ALLES WILL GELERNT SEIN

Im Zuge einer Ausbildungen formte ich Räucherkugeln. Als Bindemittel verwendeten wir Datteln – es war schwierig Kugeln zu formen. Damals wusste ich nicht, wie wichtig das Zerkleinern des Materials ist. Nach einiger Trocknungszeit habe ich ein paar davon verräuchert. Es war grauenhaft, die Datteln stanken. Zehn Jahre später habe ich die restlichen Kugeln gefunden, inzwischen ganz hart und trocken. Ich habe sie auf ein Sieb gelegt und war angenehm überrascht, wie gut die Kugeln nun dufteten. Inzwischen weiß ich, dass das berühmte Kyphi aus Ägypten und auch Nerikoh aus Japan Trockenfrüchte oder Honig enthalten. Die Kugeln benötigen eine lange Reifezeit, um gut zu duften. Diese Information fehlte mir damals.

Spezialformen

RÄUCHERBOMBEN

Sie sind gleich in der Herstellung wie Räucherkugeln, nur viel größer. Sie werden in einer mit Sand gefüllten feuerfesten Form angezündet und verglimmen langsam.

RÄUCHERRIEGEL

Sie werden gleich wie Kegel hergestellt. Nur wird der Teig in eine Riegel-Silikonform gedrückt. Selbstverständlich lassen sich Riegel auch von Hand formen. Der Teig wird mit einem Nudelwalker ausgerollt und in passende Stücke geschnitten. Zum Räuchern bricht man ein Stück ab und zündet es an. Das funktioniert am besten, wenn man die Riegel vor dem Trocknen etwas einschneidet, aber nicht durchschneidet. So erhält man eine gute Sollbruchstelle.

Räucherbomben

Es benötigt etwas Übung, um die richtige Partikelgröße der Rohstoffe zu finden. Denn wenn das Material zu fein pulverisiert ist, werden die Riegel so fest und dicht, dass sie nicht von selbst glimmen können. Verwendet man hingegen zu grobes Rohmaterial, halten sie nicht gut zusammen. Bei Riegeln ist es wichtig, dass sie nicht zu dick geformt werden. Ich habe festgestellt, sie brennen erst dann richtig gut ab, wenn die ganze Breite glimmt. Meist benötige ich am Anfang zwei, drei Zündungen dafür. Zum Abbrennen legt man sie am besten auf eine sandgefüllte Schale. Den Bindemittelanteil halte ich so niedrig wie möglich und das Basismaterial sehr hoch.

GEDIPPTES HOLZ

Hierbei verwenden wir meist Holzstücke von guter Qualität, die einen Duft aufweisen. Idealerweise sind die Holzstücke ca. 10 cm lang und fingerdick. Um getauchte Stäbe herzustellen, benötigen wir einen Kleber, damit unser Kräuterpulver am Holz haften bleibt. Die Stäbe werden anschließend mit Hilfe einer Paste aus Bindemittel, flüssigem Kopalharz oder Bienenwachs ummantelt und anschließend in einer vorbereiteten Kräutermischung gewälzt.

Räucherriegel

Diese Art von Räucherwerk ist modern und sieht wunderschön aus. Es macht großen Spaß, solche Stäbe herzustellen.

Hölzer, die man verwenden kann, sind Feigenholz, Balsampappel, Palo Santo, Echter Lorbeer, Weißer Salbei, Bodhi-Baum, Einjähriger Beifuß, Gewöhnlicher Beifuß oder Heide-Wacholder. Die Zweige werden von der Rinde befreit, in 10 cm lange Stücke geschnitten und gut getrocknet. Nach dem Trocknen können die Hölzer mit diversen Kräutern ummantelt (gedippt) werden.

TIPP

Experimentiere mit verschiedenen Kräutern und Harzen, um deine Duftmischungen zu kreieren. Auch gebündelte Kräuter können gedippt werden.

Achte darauf, dass das Räucherwerk vollständig getrocknet ist, bevor man es verwendet, um eine gleichmäßige Verbrennung zu gewährleisten.

Lagere fertiges Räucherwerk an einem trockenen, kühlen Ort, um die Duftstoffe zu bewahren. Am besten eignet sich ein verschließbares Glas.

Gedipptes Holz

Sammeln – Kräuter, Harze und Gehölze

Naturschutz

Für selbst brennbares Räucherwerk benötigen wir sorgfältig gesammeltes und getrocknetes Pflanzenmaterial.

Bevor man loszieht und alles Mögliche sammelt, sollte man sich über den Naturschutz im jeweiligen Bundesland informieren. Welche Pflanzen unter Artenschutz stehen und nicht geerntet werden dürfen. Beachte auch die Rote Liste der gefährdeten Arten. Auch wenn diese Pflanzen noch nicht unter Naturschutz stehen, sollte man besser die Finger davon lassen. Wenn man eine Pflanze verwenden möchte, die unter Artenschutz steht, kann man schauen, ob diese in der Apotheke erhältlich ist. Wer einen Garten besitzt, hat die Möglichkeit, viele der gewünschten Pflanzen selbst zu pflanzen.

Es gibt sehr viele Räucher-Shops, die wunderbare Räuchermaterialien anbieten und zum Experimentieren einladen. Ich habe etliche Bezugsquellen angegeben.

Bei exotischen Räucherstoffen sollte man auch ein Augenmerk auf den Anbieter haben. Billig angebotene Rohstoffe sollten einem zu denken geben: z. B. Adlerholz unterliegt durch den Raubbau strengen Vorschriften. Dies sollte nur aus dafür eigens angelegten Plantagen stammen und nicht aus Wildsammlungen. Seriöse Shops, wie wir sie in Österreich, Deutschland und der Schweiz haben, sind mit den Informationen transparent und geben die Herkunft an. Das Gleiche gilt für Harze und seltene Pflanzenmaterialien.

Sammeln

Sammle nur das, was du benötigst, und vor allem, was du sicher kennst.

Sammle nur an Orten, an denen es erlaubt ist und von der Pflanze auch genug vorhanden ist. Es sollten keine stark gedüngten Plätze sein, von denen man erntet. Auch Orte an stark befahrene Straßen sollten vermieden werden. Ebenso sind gespritzte Pflanzen zu vermeiden.

Wenn man auf einem Baum gelbe Flechten sehen kann, ist das ein Anzeiger für einen eher belasteten Sammelort. Gelbe Flechten sind ein Indikator für eine mit Stickstoff belastete Luft (Naturschutzbund, Steckbrief Nr. 12). Flechten werden seit der Mitte des 19. Jahrhundert zur Überwachung der Umwelt verwendet. Es sind Zeigerpflanzen, die jemandem die Entscheidung abnehmen, ob man von dort sammeln möchte oder nicht.

Gelbe Flechte

Es wird nur das überschüssige Harz gesammelt. Es sollte nie in eine Wunde gebohrt werden, denn Harz ist der Wundverschluss des Baums. Man würde ihm schaden. Außerdem benötigt man nicht viel Harz für Räucherwerke und oft hängen Harztropfen herunter, welche man vorsichtig absammeln kann.

Das Harz sollte vor der Verwendung gut getrocknet werden. Das kann etliche Monate dauern. Zum Zerkleinern ist eine Schutzbrille hilfreich, denn Harzsplitter können genauso scharf wie zerbrochenes Glas sein. Weiches Harz wird vor der Verwendung für 48 Stunden in den Gefrierschrank gegeben. In gefrorener Form lässt es sich zu Pulver verarbeiten. Flüssige Harze löst man in Alkohol auf. Die Dosierung ist in Tinkturform aber nicht so einfach. Auch kann man sie schmelzen und in flüssiger Form im Räucherteig verarbeiten.

TIPP

Werden Bäume gefällt, ist die ideale Zeit, um nach Harz zu suchen. Harz kann auch im Januar und Februar geerntet werden, besonders wenn es noch gefroren ist. Dann lässt es sich besonders gut von der Borke lösen.

Harz

Um Nadeln von Nadelbäumen zu sammeln, gehe ich gerne nach einem Sturm spazieren. Oft findet man viele Äste und Zweige auf dem Boden. Die Äste der Rotföhren sind so hoch oben, dass man keine Chance hat, an Nadeln zu gelangen. Besondere Nadelbäume stehen in Parkanlagen. Auch hier liegen oft schöne Äste am Boden. Bei Schlägerarbeiten kann man ebenso Glück haben und so an verschiedene Materialien gelangen. Zur Weihnachtszeit gibt es besondere Zweige von Nadelbäumen im Gartenmarkt zu kaufen. Diese sollten allerdings unbehandelt sein. Sammle auch Zapfen von Nadelbäumen. Sie lassen sich gut als Holzpulver verarbeiten und sind meist noch etwas voll Harz.

Ich habe immer ein paar Papiersäcke und ein bis zwei kleine Gläschen im Rucksack. Eine Schnur und ein Sackmesser sind auch hilfreich. Oder ich mache vor Ort Bündel und hänge diese an meinen Rucksack. In einem Plastiksack wäre das Pflanzenmaterial, bis man zu Hause ist, kaputt. Es kommt durch das enthaltene Wasser sehr schnell zu einer Gärung oder zu einem Zerfall. Das wäre schade und die ganze Sammelarbeit war umsonst.

Ende Sommer und Anfang Herbst bei den Aufräumarbeiten im Garten, ist die ideale Gelegenheit, an Äste von Bäumen oder Sträuchern zu gelangen.

Nadeln

Sammelzeit

Bevor man Kräuter sammelt, ist es wichtig, dass es 3 bis 4 Tage trocken war. Im Idealfall scheint auch am Sammeltag die Sonne.

Die ideale Sammelzeit von vielen Pflanzenfamilien ist um die Mittagszeit, so z. B. bei den Lippenblütlern. An sonnigen Tagen ist das Aroma um diese Uhrzeit sehr gut.

Es gibt immer wieder Ausnahmen wie z. B. die Schlüsselblumen. Sie verströmen ihr Aroma am frühen Morgen. Um das Aroma zu erhalten, ist es gut, wenn man Schlüsselblumen am Morgen erntet. Es sollte kein Tau vorhanden sein. Ringelblumen und Holunderblüten sammle ich auch an sonnigen, frühen Nachmittagen. Nachtkerzenblüten sammle ich am Abend, wenn sie aufgehen.

Wurzeln gräbt man im Normalfall im Winter. Je nach Witterung eignet sich das Sammeln von Wurzeln zwischen September bis Anfang April. Wichtig ist, dass der Boden frostfrei ist. Äste und Zweige sammle ich meistens beim Rückschnitt im Frühjahr. Auch die Äste von Nadelbäumen sammle ich ganz gerne im Frühjahr oder auch im Herbst. Sie sind dann besonders harzreich.

Trocknen

Sammelt man seine Materialien selbst, sollte man für eine sorgfältige Trocknung sorgen. Kräuter werden luftig und dunkel in Bündel aufgehängt oder auf ein dafür vorgesehenes Trockenregal gelegt.

Beachte, wenn man Bündel aufhängt, sollten diese nicht zu dick gebunden werden, damit sie nicht zu einer Schimmelbildung führen. Durch die Feuchtigkeit kann das an der Stelle, an der man das Bündel zusammengebunden hat, passieren. Dies gilt es zu vermeiden. Eine Gefahr besteht bei Pflanzen mit besonders dicken Stielen, die sehr lange zum Durchtrocknen benötigen.

Beifuß oder Moxa-Kraut kann da schon kritisch sein. Man erntet die Blätter ab und legt sie auf ein Trockenregal. Die Stiele kann man separat trocknen, denn auch diese sind zum Räuchern brauchbar.

Die Bündel kann man mithilfe einer Kräuterkrone aufhängen. Kräuterkronen kann man selbst herstellen oder eine fertige Kräuterkrone kaufen. Dabei han-

Kräuterkrone

delt es sich um ein Gestell, welches von der Zimmerdecke hängt. An diesem Gestell befinden sich Haken, um die Bündel aufzuhängen. Bei einer Kräuterkrone kann man recht viel auf einmal zum Trocknen aufhängen. Es eignet sich auch ein Stiegengeländer, ein Dachboden oder ein Kellerraum, um Kräuter zum Trocknen aufzuhängen. Es sollte idealerweise gut durchlüftet, aber möglichst dunkel und trocken sein.

Ein Trockenschrank oder ein Trockenregal ist sehr gut geeignet, um Pflanzenmaterial zu trocknen. Allerdings benötigt man etwas mehr Platz dafür.

Wir haben dafür einen alten Schrank ausgeschlachtet. Als Regalböden haben wir Holzrahmen gebastelt und diese mit echtem Nesselstoff bespannt. Darauf können die Blätter, Blüten oder Hölzer gut trocknen. Der Schrank steht in einem dunklen und kühlen Raum. Nesselstoff ist das edelste Material, um Kräuter zu trocknen. Man kann aber auch ein Leinen-, Baumwoll- oder Seidenstoff zum Bespannen verwenden. Leider sind viele gekaufte Trockengestelle mit

Kräutertrockenschrank

einem Plastikgewebe bespannt. Plastik ist allerdings nicht sonderlich geeignet, da es weder edel noch atmungsaktiv ist. Ein Naturgewebe ist ideal. Ein Schrank macht Sinn, da Luft von unten und oben hinzukommt. Der Naturstoff kann mit der Feuchtigkeit umgehen und deine Kräuter werden schonend getrocknet.

Sind die Kräuter trocken, bewahre ich sie möglichst in großen Stücken in Gläsern auf. So erhalten sich die Duftstoffe recht lange. Die Farben der Materialien sollten brillant und erhalten bleiben.

Hat man weder die Möglichkeit, eine Kräuterkrone aufzuhängen oder einen Trockenschrank zu verwenden, ist das Backrohr die günstigste Alternative, die jeder daheim hat. Ein Dörrapparat ist auch geeignet. Mit diesen Geräten hat man innerhalb kurzer Zeit fertig getrocknetes Material.
Wichtig ist dabei, die Temperatur möglichst gering zu halten.
Auch hierbei sollten die fertig getrockneten Pflanzenmaterialien ihre Farbe erhalten.

Sind Äste und Nadeln getrocknet, dann behalte auch das Holz auf. Dieses kann man wunderbar als Zunder (also als Basispulver) im Räucherwerk verarbeiten. Am leichtesten lässt sich das Holz noch in frischer Form zerkleinern. Zarte Äste von der Douglasie oder Lärche lassen sich gut in einem Mixer zerkleinern. Mit einem Schnitzmesser kann man die Zweige von der Rinde befreien. Ist es schon getrocknet, werden Späne mit einem Schnitzmesser vom Zweig geschabt. Denn wenn das Holz zu dick ist, könnte das eine Mühle leicht überhitzen. Zudem enthalten Nadelbäume gerne Harz, das könnte das Messer des Mixers verkleben.

Stiele von Lavendel lassen sich gut als Kern für Räucherstäbchen verwenden und auch als Basismaterial.

Aufbewahren und lagern

Damit ich einen Überblick über meine Zutaten habe, sortiere und lagere ich diese ordentlich. Ich verwende dafür Holzkisten. In einer dieser Kisten sind nur Bindemittel, in einer anderen lagere ich meine Harze. In der nächsten habe ich mein Holzpulver sortiert. Jede Zutat ist in einem gut verschließbaren Glas mit deutlicher Beschriftung. Bei der Beschriftung sind der botanische Name wie der deutsche angegeben und um welches Pflanzenteil es sich handelt. Eine gute Organisation der verschiedenen Materialien ist somit äußerst hilfreich und man findet schnell das Gesuchte. Besonders wichtig ist eine gute Beschriftung, wenn man Räucherwerk verkaufen möchte. Dazu wird das GMP-Formular ausgefüllt, dazu sollte man wissen, von welchem Händler die Rohstoffe stammen, wann sie gekauft wurden und wie sie richtig gelagert werden sollen. Dieses gewissenhafte Arbeiten erleichtert eine genaue Reproduktion des Räucherwerks.

TIPP

Verwende am besten wasser- und ölresistente Etiketten. Ich habe schon oft genug erlebt, dass sich meine Beschriftung vom Glas löst. Besonders bei Pulver ist es nicht immer eindeutig, was denn nun im Glas war. Nun achte ich besonders darauf, dass sich die Etiketten nicht lösen und auch die Schrift nicht verbleicht oder unleserlich wird.

Vorbereiten von Pflanzenmaterial

Ob Harze, Hölzer oder Kräuter – für selbst brennende Stäbchen oder Kegel ist es nötig, alle Zutaten in der möglichst gleichen Partikelgröße zu haben.

Das heißt, das Pflanzenmaterial wird zu feinem Pulver gemixt. Entweder mithilfe eines Mörsers oder einer Kaffeemühle oder Ähnliches. Für größere Mengen eignet sich ein Standmixer mit einer guten Leistung. Beachte bitte, dass das Material nicht überhitzt. Es wäre schade, wenn es durch Überhitzung seine aromatische Integrität verlieren würde. Es gibt auch kleine Kaffeemühlen, die eine Handkurbel aufweisen.

Profis verwenden ein 80er-Sieb, das ergibt ca. eine 0,18 mm oder ein 100er-Sieb für eine 0,15 mm Partikelgröße.

Ein Mehlsieb tut hier genauso gute Dienste. Ein Trockenbrett mit einem sehr feinmaschigen Netz eignet sich auch als Sieb.

Nach dem Zerkleinern wird das Pulver gesiebt und nach Partikelgrößen sortiert. Unterlässt man diesen Schritt, kann es sein, dass die Stäbchen oder Kegel nicht gut und gleichmäßig brennen.

TIPP

Habe ich mich für eine Mischung entschieden, gebe ich sie in eine Schüssel, mische sie grob durch und pulverisiere alles in der Kaffeemühle noch einmal. Ich habe festgestellt, dass ich so richtig gutes Kräuterpulver herstellen kann.

FORMEN UND FORMGEBER

Es gibt eine Unzahl an Formen, die man herstellen kann (siehe Seite 99). Die richtige Form kann entscheidend sein, wie gut ein Räucherwerk brennt oder nicht. Zudem sollte vor Zugabe des Binders überlegt werden, welche Form hergestellt werden soll. Das Bindemittel ist entscheidend. Es kann passieren, dass eine Mischung nicht so halten will, dann kann eine starre Form das Räucherwerk retten. Mein Sohn hat mir etliche Formen für Kegel aus dem 3D-Drucker hergestellt. Dabei handelt es sich um eben solche starren Formen, in die man die feuchte Mischung fest hineindrücken kann. Nach dem Reinpressen des Materials wird die Form vorsichtig geöffnet und die z. B. Kegel entnommen und auf ein Trockenbrett gelegt.

Ebenso gibt es für Kegel Plexiglasformen. Diese verwende ich sehr gerne für Rückflusskegel. Diese Form ist normalerweise bauchig und starr und deswegen sehr stabil. So eine Form besteht aus zwei Plexiglashälften, die mit zwei

verschiedene Formen

Schrauben verbunden werden können. Nach dem Einfüllen des Teiges setzt man das nötige Loch, löst die Schrauben und die Kegel lassen sich gut entnehmen. Den Kegelboden kann man mit der Rückseite eines Messers gut flach drücken, damit die Kegel stehen und nicht umfallen.

LOSER WEIHRAUCH

Unter losem Weihrauch verstehen wir handelsübliche Räuchermischungen. Dabei handelt es sich um Kräutermischungen, meist mit der Zugabe von Harzen, die in kleinen Stücken angeboten werden. Dies ist vermutlich die älteste Form des Räucherns schlechthin. Man geht davon aus, dass das Hinzufügen von aromatischen Hölzern zu schwelenden Kohlen die Geburtsstunde des Räucherns war.

Das Schöne an losem Weihrauch ist, dass er oft in großen Stücken angeboten wird. Der Vorteil: Einige enthaltene Zutaten lassen sich zum Teil gut identifizieren. Allerdings benötigt man hierbei immer Kohle, auch wenn man hochwertige Bambuskohle verwendet.

loser Weihrauch

Nachteil: Die Zutaten sind bei der Entnahme nicht gleichmäßig verteilt und meist recht groß. Um ein gutes Räucherresultat zu erzielen, ist es ratsam, vor dem Auflegen der Zutaten auf die Kohle diese mit dem Mörser zu zerkleinern. So setzen sich die Aromen noch intensiver frei.

Ferner gibt es die Möglichkeit, losen Weihrauch zu fixieren. Man nimmt die Zutaten in Pulverform, hierbei ist kein ganz feines Pulver nötig, und mischt diese in einer Schüssel zusammen. Anschließend gibt man etwas Gummibinder hinzu und rührt diesen gut unter.

Nun kommt vorsichtig die Flüssigkeit hinzu und man durchmischt alles gut. Es soll sich wie nasser, klebriger Sand anfühlen. Ist dies der Fall, drückt man die Masse auf ein mit einem Stück Backpapier ausgelegtes Holzbrett zum Trocknen. Es sollte einer gleichmäßigen ausgewalkten Platte gleichen. Ich verwende einen Nudelwalker dazu. Nach dem Trocknen wird die Masse etwas zerbrochen und in ein Glas gegeben. Davon ein Stück entnehmen und auf graue Kohle legen und verräuchern.

loser Weihrauch – gebunden

loser Weihrauch – getrocknet

FARBSPIEL

Durch die natürlichen Holzbindemittel und Basispulver, die wir verwenden, um unser Räucherwerk herzustellen, wird dieses fast immer braun, schwarz, grau oder recht dezent in seiner Farbe.

Japanischen Räucherstäbchen-Herstellern ist es verboten, synthetische Farbstoffe einzusetzen. Es dürfen auch sonst keine schädlichen Substanzen zugesetzt werden. Es muss alles natürlich sein. Unsere Natur bietet uns einige Möglichkeiten, die zum Experimentieren einladen.

Die vielen bunten, meist sogar leuchtenden Farben diverser industrieller Räucherkegel oder Stäbchen sind oft nicht natürlicher Herkunft. Es ist besser, man lässt die Finger von solchem Räucherwerk.

Nun stellt sich die Frage, wie man auf natürliche Weise etwas Farbe in das eigene Räucherwerk bekommt.

Blüten- und Pflanzenpulver eignet sich hierbei am besten. Die Blüten werden pulverisiert oder nur etwas gröber zerkleinert. Darin werden unsere Kegel einfach gewälzt. Und schon hat man eine bunte Ummantelung.

Auch **Frucht- und Gemüsepulver** wären eine weitere Alternative.

Von Fruchtpulvern gibt es sehr viele, beispielsweise von Himbeeren, Erdbeeren, Johannisbeeren oder der Drachenfrucht. Mit Fruchtpulvern habe ich jedoch nicht ganz so gute Erfahrungen gemacht. Es hat das Brennverhalten etwas beeinträchtigt und durch das Trocknen verblassen die Farben relativ schnell.

WEITERE PFLANZENBASIERTE FARBPULVER

Indigo – *Indigofera tinctoria* **aus der Familie der Hülsenfrüchtler.** Die Blätter enthalten Indikan, den Vorläufer des blauen Farbstoffes, welcher durch ein aufwendiges Verfahren gewonnen wird. Die Dufteigenschaft ist herb und etwas erdig. Vorsicht: Das Pulver glimmt eher schlecht. Es kann das Abbrennen verzögern. Eventuell hilft es als Korrektur bei zu schnellem Abbrennen. Zudem ist es ein recht teuer Zusatz, um für eine Farbe zu sorgen.

Kurkuma – *Curcuma longa* **aus der Familie der Ingwergewächse.** Das Rhizom liefert ein schönes, stabiles Gelb. Die Dufteigenschaft ist warm, etwas holzig und leicht pfeffrig. Allerdings brennt es recht schnell und neigt zum Rußen.

Annatto – *Bixa orellana* **aus der Familie der Annattogewächse.** Die Samen gelten als natürlicher Farbstoff und haben auch eine lange traditionelle Anwendung in der Pflanzenheilkunde. Annatto-Samen ergeben ein schönes Orange bis Ziegelrot. Die Dufteigenschaft ist nicht dominant und eher mild würzig sowie etwas harzig. Annatto brennt sauber und kaum rußend ab. Traditionell wird Annatto meist als Farbgeber genutzt und nicht als Duftstoff. Annatto habe ich immer im Haus. Ich färbe meine Öle ganz gerne damit.

Färberkrapp – *Rubia tinctorium* **aus der Familie der Krappgewächse.** Die Wurzel lässt sich gut trocknen und pulverisieren und liefert ein schönes Orange. Das Aroma ist eher erdig und schwer, das sollte berücksichtigt werden. Es darf nur in geringer Konzentration verwendet werden, denn es kann die Mischung austrocknen, sodass die Stäbchen brüchig werden. Die Glut ist gut, aber die Asche neigt eher zum Flocken durch den Mineralstoffgehalt der Pflanze.

TIPP

Das Pulver könnte eventuell zur Korrektur eines etwas zu feuchten Teiges beitragen.

Saflor oder auch Färberdistel – *Carthamus tinctorius* **aus der Familie der Korbblütler.** Die getrockneten Blüten können pulverisiert werden. Die Kegel oder Stäbchen werden anschließend darin gewälzt. Die Farbe ist orange. Die Blüten zeichnen sich durch einen eher neutralen Duft aus. Die getrockneten Blüten brennen sehr gut und hinterlassen etwas Asche.

Rotes Sandelholz – *Petrocarpus santalinus* **aus der Familie der Hülsenfrüchtler.** Das Pulver hat ein schönes Rot, ist für eine Ummantelung sehr gut geeignet und liefert ein gutes Brennverhalten. Es stabilisiert die glimmende Glut und brennt schön langsam ab. Rotem Sandelholz wird nachgesagt, dass die Flamme beim Verglimmen rötlich erscheinen soll. Der Duft ist fein und balsamisch bis neutral.

Grüntee – *Camellia sinensis* **aus der Familie der Teestrauchgewächse.** Grüntee-Pulver ergibt ein schönes helles Grün, bräunt aber beim Trocknen gerne nach. Leider verbrennt es schnell und unterstützt keine gleichmäßige Glut. Somit sollte vorsichtig dosiert werden. Das Duftprofil ist eher etwas grasig, aber frisch und zart-herb, welches im Rauch angenehm erscheint.

Holz- oder Aktivkohle ergibt ein tiefes Schwarz. Es liefert eine stabile, lang anhaltende Glut, was bedeutet, dass das Glimmverhalten sehr gut ist. Achtung: Wenn zu viel verwendet wird, brennt sie zu heiß ab.

Hibiskus – *Hibiscus sabdariffa* **aus der Familie der Malvengewächse.** Verwendet werden die getrockneten Blüten. Meine sind dunkelviolett, aber es gibt sie von rosa bis rot. Sie können alle verwendet werden. Hibiskusblüten brennen schnell und gut. Die Farbe ist leider nicht so lange stabil, trotzdem sehr schön. Das Duftprofil ist beim Verbrennen eher herb oder blumig-säuerlich.

Rosenblüten – *Rosa canina* **aus der Familie der Rosengewächse.** Es können wirklich alle unbehandelten Rosenblüten verwendet werden. Die getrockneten und zerkleinerten Blüten sehen hübsch aus, wenn man sie nicht komplett pulverisiert. Aber selbstverständlich eignet sich auch ein Pulver zur Ummantelung unseres Räucherwerks. Die Blüten verbrennen sehr gut und das Aroma ist fein bis blumig-süß. Es kommt aber nicht so stark zur Geltung, wenn die Blüten nur als Finish-Pulver (siehe Seite 140) eingesetzt werden.

Blauer Lotus – *Nymphaea caerulea* **aus der Familie der Seerosengewächse.** Hierbei haben wir ein Luxusgut für unser Räucherwerk. Die Blütenblätter sind hellviolett bis blau und als Pulver eher blassviolett. Die Blüten brennen sehr gut und sorgen für eine stabile Glut. Die zerkleinerten Blüten sind äußerst dekorativ und der Duft ist süßlich-blumig bis fruchtig-leicht. Der Rauch ist angenehm ätherisch-blumig und entspannend.

Roter Lotus – *Nymphaea rubra* **aus der Familie der Seerosengewächse.** Auch diese Blüten sind sehr exklusiv und nicht gerade günstig. Die Farbe ist kräftig rot bis dunkelrosa, in Pulverform erscheint sie eher rötlich-braun. Das Brennverhalten kommt dem Blauen Lotus gleich. Der Duftkomplex erinnert an Honig. Zudem ist er warm-blumig und leicht erdig.

Osmanthus – *Osmanthus fragrans* **aus der Familie der Ölbaumgewächse.** Die pulverisierten Blüten sind hellgelb, die Blüten selbst gelb oder hellorange. Es handelt sich dabei um sehr zarte kleine Blüten, die schnell verbrennen. Sie eignen sich als Finish oder Aromabeigabe am ehesten. Im Teig selbst geht die Farbe komplett unter, dafür ist der Duft umso besser greifbar. Das Duftportrait ist stark blumig-fruchtig und erinnert an Aprikose und Honig. Der Rauch ist intensiv-süß bis exotisch und edel. Das Glimmverhalten ist zudem überraschend gut.

Echter Jasmin – *Jasminum officinale* **aus der Familie der Ölbaumgewächse.** Er liefert uns eine weißliche bis cremegelbe Farbe. Die Blüten haben ein sehr gutes Brennverhalten, aber eine schwache Glutwirkung. Der Duft ist intensiv blumig, süß mit grünen Untertönen. Das Rauchprofil ist warm, sinnlich mit einer ganz besonderen Eleganz im Bouquet.

Bauernjasmin oder Pfeifenstrauch – *Philadelphus coronarius* **aus der Familie der Hortensiengewächse.** Wir haben immer viel im Garten und ich experimentiere schon länger mit dieser Pflanze. So habe ich sie schon öfter in meinem Räucherwerk verarbeitet. Die Blütenfarbe ist weiß-cremig oder leicht gelblich in getrockneter Form. Die Blüten glimmen schnell, aber sie ergeben keine stabile Glut. Das Aroma ist intensiv süßlich und leicht fruchtig-herb. Der Rauch ähnelt dem Echten Jasmin, ist aber etwas grüner und frischer. Das Hydrolat daraus ist besonders intensiv und würde sich als Flüssigkeitszugabe eignen. Für Räucherwerk bin ich noch nicht ganz sicher, ob die Blüten wirklich geeignet sind. Im Teig hatte ich den Eindruck, dass sie das Brennverhalten beeinträchtigen.

Besenheide – *Calluna vulgaris* **aus der Familie der Heidekrautgewächse.** Die Blüten sind rosa bis pinkfarben. Die Blüten glimmen recht gut, aber erzeugen nur eine kurze schwache Glut. Es ist also passend, wenn Farbakzente gesetzt werden sollen. Der Duft ist leicht süßlich und etwas erdig oder heuartig und sehr flach. Der Rauch ist etwas floral und angenehm.

Das sind nun längst nicht alle geeigneten Blüten. Meine Erfahrung hat gezeigt, dass Kornblumenblüten, Ringelblumenblüten, Amaranthblüten, Flockenblumenblüten, Wiesenknöterichblüten genauso ein wunderbares und gutes Brennverhalten aufweisen.

Pulverisierte Nadeln unserer Koniferen ergeben ein schönes Grün. Hier können alle ungiftigen Blätter von Nadelbäumen verwendet werden. Zudem haben unsere Nadelbäume ein frisches, zitroniges, leicht herbes Aroma. Ich verwende sie nicht nur direkt im Räucherteig, sondern auch für eine grüne Farbe meiner Stäbchen oder Kegel.

TIPP ZU DEN OBEN GENANNTEN BLÜTEN

Sehr hübsch sind nicht komplett fein pulverisierte Blüten. Man wälzt das Räucherwerk einfach darin und lässt es anschließend trocknen.

BEACHTE

Nicht alle natürlichen Farbgeber sind lange lichtecht. Das heißt, es kann vorkommen, dass die Farbe deiner Stäbchen oder Kegel nach einer Zeit verblasst. Eine dunkle Lagerung kann hier Abhilfe schaffen. Besonders gut geeignet sind Rosenblüten, Kornblumenblüten, Ringelblumenblüten und Flockenblumen. Sie halten die Farbe relativ lange stabil.

Nicht alle Pflanzenpulver eignen sich zum Räuchern. Auch wenn sie nur als äußere Schicht für die Räucherprodukte verwenden werden. Manche brennen besonders schlecht und riechen nicht sonderlich einladend.

Amaranthblüten

NICHT LOHNENSWERT, UM EINEN FÄRBEVERSUCH ZU STARTEN, SIND

Alkanna-Wurzelpulver – *Alkanna tinktoria.* Das Pulver selbst hat ein tiefes Rot. Allerdings ist der Duft eher bitter-erdig. Der Rauch kann unangenehm werden.

Spirulina – *Arthrospira platensis.* Pulver daraus gibt es in Grün und Blau. Hierbei handelt es sich um Algenpulver, der Duft ist fischig und verbrannt.

Violette Süßkartoffel – *Ipomoea batatas.* Das Aroma ist mild bis süßlich, kann aber schnell verkohlt riechen. Zudem ist das Pulver hygroskopisch und es könnte zu einer Schimmelbildung führen. Wird Wasser aus der Umgebung angezogen, kann auch das die Ursache für ein schlechtes Abbrennen sein.

Schmetterlingserbsen – *Clitoria ternatea.* Leider habe ich mit dieser auch keine guten Erfahrungen gemacht. Ich hatte den Eindruck, sie bremst die Glut regelrecht aus.

Es ist jedoch sicherlich noch Potenzial zum Experimentieren vorhanden.

verschiedene Pflanzenpulver

Finish

Ein Finish ist eine Art technisches Hilfsmittel, um die Oberfläche gleichmäßiger und weniger klebrig zu machen. Das ist eine eher moderne Methode, meist aus dem DIY-Bereich. Weder in Japan noch in China wird ein Finish für Räucherstäbchen verwendet. In Indien werden manchmal Masala-Stäbchen mit einem Rinden- oder Holzstaub abgestaubt. Auch bei Dhoop-Sticks wird anscheinend mit Holzkohle oder Kohlepulver bedeckt.

Die indischen Agarbatti-Stäbchen werden nach der Formung in Pulver gewälzt. Es kann sich um Sandelholz- oder Holzpulver, aber auch um Harzpulver handeln. Bei den aus China stammenden Joss-Sticks ohne Bambuskern ist ein Finish selten. Bei Tempelware kann es vorkommen, dass die Stäbchen mit duftenden Holzpulvern wie Adlerholz oder Sandelholz bestäubt werden. Bei den japanischen Kodo-Stäbchen oder Kegeln wird kein Finish aufgetragen. Bei diesen Stäbchen liegt der Fokus auf einer glatten, puren Oberfläche, die das Mischverhältnis repräsentiert.

Praline mit Blattgold

WOZU DIENT EIN FINISH

Technisch

- Es verhindert Ankleben beim Formen und Trocknen, was das Handling erleichtert.
- Es absorbiert Restfeuchtigkeit.
- Es kann auch ab und zu ein Aromaträger sein.

Optisch

- Sorgt für eine gleichmäßige Oberfläche
- Vereinheitlicht den Farbton

Marketingzwecke

- Für viele westliche DIY-Hersteller, aber auch Konsumenten erscheinen die Räucherstäbchen attraktiver, weil sie diese wie *fertige* aussehen lassen (eben wie aus dem Handel).

Unterschied zu Farbpulver

- **Farbpulver** – Pigmente, welche pflanzlich oder mineralisch sein können
- **Ziel**: Dekoration und Farbakzente
- Wirkt stark auf die Optik
- Kohle schwärzt, Sandelholz ergibt ein warmes Beige oder Rot, Nelke ein dunkles Braun

Finish-Pulver

- **Ziel**: nur mechanisch-funktionell, gleichmäßige Optik
- Natürliche Farbe, erdig oder braun
- Dient zur Unterstützung des Trocknungsprozesses und des Handlings
- Für ein Finish wird nur feinstes Pulver, das heißt staubfein, verwendet und sollte hauchdünn aufgetragen werden. Dafür kann man feines Holzkohlepulver oder Sandelholzmehl verwenden. Auch Toh-Makko ist geeignet. Die Partikelgröße sollte idealerweise bei $< 100\ \mu m$ liegen.

Man hat praktisch die Wahl

- **Neutral oder traditionell**: Kohle/Holzbindemittel/Holzpuder oder ein Gemisch
- **DIY kreativ**: Gewürzpulver oder Kräuter
- **Dekorativ**: Farbpulver

TROCKNEN DES RÄUCHERWERKS

Zum Trocknen legt man die Zylinder, Stängel und Co. auf ein Backpapier oder Holzbrett und lässt sie idealerweise lufttrocknen.

Wer möchte, kann es auch in die indirekte Sonne stellen, um noch etwas Sonnenenergie in sein Räucherwerk zu bekommen.

> *Als goldene Regel für die Trocknungszeit gilt,*
> *im Sommer ca. 1 Woche und im Winter ca. 10 bis 14 Tage.*

Eine schnelle Trocknung im Backrohr oder Dörrapparat ist zwar möglich, aber kritisch. Es können Risse entstehen, die ein gleichmäßiges Abbrennen verhindern können. Trocknen die Räucherstäbchen zu schnell, besteht die Gefahr,

Trockenbrett

dass sie sich verziehen. Zudem könnten sie durch die entstandenen Risse auch leicht brechen. Geduld lohnt sich!

Generell ist ein Raum, der nicht zu heiß und nicht zu kalt ist, ideal mit einer guten konstanten Luftfeuchtigkeit (ca. 50 bis 60 %).

Unglaublich oft erreicht mich die Frage, ob man das Räucherwerk auf einen Kachelofen legen kann. Auch das Trocknen auf einem Kachelofen kann zu schnell sein. Hier haben wir das gleiche Problem wie im Backrohr oder Dörrapparat. Das Räucherwerk kann brüchig werden. Ein Karton als Unterlage zur Trocknung von Räucherstäbchen ist ideal. So kann der Karton auch Feuchtigkeit aufnehmen. Denn ein zu langer Trocknungsvorgang kann wiederum zu Schimmelbildung führen.

Ich habe gute Erfahrung mit Holzbrettern gemacht, auf denen ich meine Räucherkegel, Kugeln oder Pastillen aufstelle und die nötigen Tage trocknen lasse. Das Holz kann etwas Feuchtigkeit aufnehmen und das Räucherwerk trocknet ideal.

Räucherstäbchen, besonders wenn sie fein und lang sind, können sich beim Trocknen krümmen. Hierfür gibt es spezielle Trockenbretter. Ein Versuch ist eventuell ein Stück Wellpappe. Man legt in jede Rille ein Stäbchen zum Trocknen. Auch Brotschneidebretter mit Rillen könnte man ausprobieren.

Eichenrinde in der Rezeptur kann etwas gegen eine Krümmung von Räucherstäbchen steuern. Trotzdem können sie sich krümmen, wenn der Teig zu nass oder trocken bei der Verarbeitung war. Für den Hausgebrauch ist es aber nur ein optisches Problem. Die Stäbchen brennen in der Regel trotzdem sehr gut.

Ich verwende für Stäbchen eigens vorgesehene Trockenbretter mit Rillen. Diese sind recht praktisch, allerdings müssen die Stäbchen auch hier vorsichtig gewendet werden, damit sie rundherum gleichmäßig trocknen können.

Für Kegel und Kugeln verwende ich ein mit einem Netz bespanntes Trockenbrett. Diese sind besonders gut, damit Luft auch von unten zirkulieren kann.

TIPP

Wende während des Trocknens die Kegel, Kugeln, Pastillen und auch die Stäbchen hin und wieder, damit sie gleichmäßig trocknen.

Gib dem Räucherwerk ein bisschen Zeit, um zu reifen. Aromen verändern sich und es kann nach ein paar Wochen eine ganz andere Duftwahrnehmung entstehen.

Kontrolliere das Räucherwerk immer auf eine mögliche Schimmelbildung.

Lagern

Damit die Düfte nicht verfliegen, ist eine richtige Lagerung unumgänglich. Für Räucherwerk eignen sich Glasgefäße mit Schraubdeckel oder Korken.

PFLANZENMATERIAL

Meine getrockneten Kräuter lagere ich in möglichst großem Zustand. Das bedeutet, getrocknete Blätter belasse ich ganz, schichte diese in ein Glas und lagere dieses dunkel. Genauso verfahre ich mit all meinen weiteren Zutaten. Erst wenn ich sie benötige, werden die Kräuter pulverisiert. Die Aromen werden durch das Pulverisieren intensiv und sind ideal, um Räucherwerk herzustellen. Aber nicht nur für Räucherwerk hat sich diese Methode bewährt, sondern auch für meine Pflanzenmedizin.

Wichtig ist, dass das Pflanzenmaterial vor Gebrauch noch schön ausschaut. Die Farbe sollte erhalten bleiben. Sind die Kräuter braun oder verblichen, gebe ich sie weg.

verschiedene Glasgefäße

HARZE

Harze sollten auch möglichst luftdicht gelagert werden. Die ätherischen Öle können sich mit der Zeit verflüchtigen. Harze werden wie Kräuter erst vor Gebrauch pulverisiert.

TIPP

Bleiben Pulverreste meiner Zutaten übrig, lagere ich auch diese in Gläsern mit Schraubdeckel. So halten sich die Aromen möglichst lange. Dunkel lagern ist auch hier besonders wichtig und noch besser ein rasches Verbrauchen.

KEGEL UND RÄUCHERSTÄBCHEN

Meine Kegel und Räucherstäbchen bewahre ich gerne in einer verschließbaren Holzbox auf. Holz ist ideal im Umgang mit Luftfeuchtigkeit und ich konnte bis jetzt noch nie eine Schimmelbildung verzeichnen.

Lagerung in Boxen

Aber auch eine hübsche Kartonbox ist geeignet. Ich mache auch ganz gerne Stäbchensortimente und verpacke sie in Zellulose.

Die Düfte halten sich sehr gut. Der Nachteil ist, dass Düfte so markant sein können, dass sie eventuell anderes Räucherwerk beeinflussen könnten. Eine Holzbox sollte unbedingt gefächert sein, damit das Räucherwerk getrennt werden kann.

Verwenden wir Gläser, vermeiden wir das Problem der Duftübertragung. Dabei muss das Räucherwerk wirklich bis zum Kern gut durchgetrocknet sein.

Zudem schaut in Gläsern abgefülltes Räucherwerk edel aus und man hat schnell ein ideales Geschenk in der Hand.

Es eignen sich aber auch kleine Weißblech-Döschen für eine schöne Verpackung. Davon gibt es unzählige Größen zu erwerben, welche für unterschiedliches Räucherwerk geeignet sind.

Lagerung im Glas

Lagerung in Zellulose

ÜBERBLICK MATERIALIEN

Es ist unerlässlich, sich über die Kräuter zu informieren. Mögliche Risiken von Inhaltsstoffen sowie die sichere Handhabung von besonders starken Pflanzen und deren Einsatzkonzentration: Hier ist eine gute Kenntnis nötig.

Man kann Pflanzenmonografien erstellen, sie helfen die Pflanze ganzheitlich zu verstehen, Inhaltsstoffe im Blick zu haben und auch mögliche Risiken klar zu erfassen. Wenn man schon ein GMP-Formular angefertigt hat, kann man dieses einfach erweitern:

Beschreibung der Pflanze

- Kurze Morphologie wie Wuchsform, Blätter, Blüten, Früchte, Rinde, Harz
- Verbreitung und Herkunft wie geografisch, klimatisch
- verwendete Pflanzenteile

Inhaltsstoffe

- Wichtige Inhaltsstoffe wie ätherische Öle, Harze, Alkaloide, Bitterstoffe, Gerbstoffe etc.
- Besonders potente Inhaltsstoffe wie Campher, Menthol aus Minzen, Thujone etc.
- Hinweis auf Stoffgruppen, die reizend oder toxisch sein könnten

Wirkung und Anwendung

- Traditionelle Verwendung, z. B. ethnobotanisch oder kulturgeschichtlich
- Wirkungen beim Räuchern wie klärend, beruhigend, stimulierend
- Therapeutische Aspekte

Risiken und Sicherheit

- Mögliche Nebenwirkungen wie Kopfschmerzen, Allergien
- Kontraindikationen: Nicht verräuchern im Beisein von Kindern, Schwangeren und Haustieren
- Dosierung, weniger ist oft mehr

Geruchsprofil

- wie frisch, würzig, stechend, kann äußerst hilfreich sein

Duftende Hölzer

Auch wenn dieses Buch sich hauptsächlich um das Handwerk dreht, möchte ich sehr begehrte Zutaten erwähnen. Duftende Hölzer sind eine besonders beliebte Zugabe in selbst brennbarem Räucherwerk. Die wohl meist verwendeten Hölzer sind dabei Adlerholz, Sandelholz und auch Palo Santo. Sie dienen als Duftkomponente und als Basismaterial und weisen alle ein ausgezeichnetes und besonderes Aroma auf. Das Brennverhalten ist hervorragend und ideal für unsere Räucherkegel und Co.

Leider sind diese Hölzer recht kostspielig und machen das Räucherwerk zu einem Luxusgut. Beim Kauf solcher exklusiven Zutaten ist es wichtig, dass sie aus kontrolliertem Anbau stammen. Fast alle diese besonderen Hölzer kommen heute aus seriösem Plantagenanbau. Kaufe nur bei vertraulichen Quellen und guten Räuchershops. Zu tief möchte ich nicht in die Materie eingehen, aber ein paar Hintergrundinformationen gehören dann doch dazu.

ADLERHOLZ

Adlerholz oder auch Oud genannt, ist besonders kostbar und weist einen würzigen, süßlichen und warmen Duft auf (Tian-Ye Du, 2022). Das Duftprofil ist äußerst komplex. Adlerholz soll das teuerste Naturprodukt der Erde sein. Bis 300 n. Chr. lässt sich die Technologie zur künstlichen Induktion von Adlerholz zurückverfolgen (Tian-Ye Du, 2022). Es war also damals schon sehr begehrt und rar.

Adlerholz gehört zur Familie der Seidelbastgewächse und kommt z. B. im südostasiatischen Raum wie Kalimantan, Vietnam, Indonesien und im Nordosten von Indien vor. Es betrifft manche Bäume aus der Gattung *Aquilaria* oder *Gyrinops*. Nicht alle davon produzieren Adlerholz unter natürlichen Bedingungen (Tianxiao Lia, 2022).

Adlerholz weist eine botanische Besonderheit auf. Wenn es z. B. von einem Insekt angebohrt wird, kommt es zu einer Infektion durch Pilzsporen oder Bakterien und es bildet sich vermehrt Harz, um die Infektion zu begrenzen (Tianxiao Lia, 2022). Das Holz wird dunkler und wesentlich dichter.

Adlerholz wird schon seit Jahren in Plantagen gezüchtet. Auch hier kommt der Mensch an seine Grenzen, denn das Harz produziert der Baum meist erst ab einem Alter von 60 Jahren. Adlerholz ist also eine ganz besondere Kostbarkeit und sollte auch als solche behandelt werden. Es gilt als heiliges Holz, kann böse Geister vertreiben, die Seele reinigen und für Frieden sorgen. Es ist wunderbar für Meditation und Heilung und es sorgt im Raum für eine gute Stimmung und Harmonie.

Je nach Herkunft und Alter weist das Aderholz einen anderen Geruch auf. Allerdings ist dieser meist unverkennbar und einfach etwas ganz Besonderes.

Arten von Adlerholz:

Aquilaria malaccensis, Aquilaria crassna, Aquilaria sinensis, Aquilaria agallocha, Gyrinops versteegii oder *walla* und spp. Je nach Herkunft und Art ist das Duftprofil etwas anders.

Adlerholzstück

PALO SANTO

Palo Santo oder *Bursera graveolens* aus der Familie der Balsambaumgewächse. Das Holz wird als heiliges Holz bezeichnet und ist äußerst begehrt. Das Kernholz ist hellbeige und weist einen balsamischen Duft auf.

Es gibt ein weiteres Holz, welches manchmal als Palo Santo bezeichnet wird. Dabei handelt es sich um *Bulnesia sarmientoi* aus der Familie der Jochblattgewächse. Unter Palo Santo kam es 1508 durch die Spanier nach Europa. Allerdings ist dieses Kernholz braun-schwarz oder grün. Auch dieser Baum wurde in die Rote Liste der gefährdeten Arten aufgenommen. Aus diesem Holz wird das bekannte Guajaköl gewonnen (Dragendorff, 1898). Man bekommt es bei den Räucherrohstoffhändlern heutzutage unter Guajakholz zu kaufen.

Palo-Santo-Bäume findet man in trockenen tropischen Wäldern von Südamerika. Vielfach kommt das Holz aus Peru oder Ecuador. Hier gibt es strenge Reglementierungen und in manchen Ländern Aufforstungsprogramme.

Palo Santo wird bei schlechten Energien verwendet. Es fördert die Entspannung und reinigt die Umgebung. Der Duft ist balsamisch, aber recht kräftig und somit besonders stärkend. Verwende es wie einen Schatz im Räucherwerk.

Palo Santo

ECHTES SANDELHOLZ

Sandelholz von *Santalum album* aus der Familie der Sandelholzgewächse ist ein besonders beliebtes Räucherholz. Dieses Holz stammt ursprünglich aus Südindien, aber man findet es auch in Indonesien oder auf den Philippinen. Der Gehalt von α-Santalol und β-Santalol kann bis zu 57 bis 79 % betragen, hauptsächlich beinhaltet dieser aber mehr α-Santalol. (Xiaoguang Yan, 2024). Dieses Öl verleiht dem Holz seinen süßlichen Duft.

Leider gab es bei diesem Holz in Indien eine sehr starke Übernutzung und einen Raubbau (Rakesh Kumar, 2015). Die Lieferungen von *Santalum album* stammen in der Regel aus Indonesien. Inzwischen gibt es auch Sandelholzplantagen, um die weltweite Nachfrage abzudecken. In den letzten Jahrzehnten hat Indonesien Indien als Hauptquelle abgelöst.

Verwendung findet das Kernholz, welches den betörenden Duft aufweist. Das Splintholz ist geruchlos. Älteres gereiftes Holz duftet intensiver als junges.

Weitere Bezeichnungen für dieses Holz sind **Echtes Sandelholz**, meist auch **Weißes Sandelholz** oder **Indisches Sandelholz**. *Santalum album* hat einen sehr hohen Preis und sollte wirklich als Luxusgut in im Räucherwerk zum Einsatz kommen.

Sandelholz

Es gibt etliche Bäume, die auch als Sandelholz bezeichnet werden. Bei manchen handelt es sich um dieselbe Gattung, aber um andere Arten.

Australisches Sandelholz

Ein beliebtes Sandelholz für Räucherwerk ist *Santalum spicatum*, das Australische Sandelholz. Der Duft von diesem Sandelholz unterscheidet sich durch eine wesentlich herbere und frischere Note als der von *Santalum album*. Santalol ist in diesem Baum nur bis zu 20 bis 39 % vorhanden (Lawrence, 2009).

Dieses Sandelholz wird in Plantagen angebaut, um den kommerziellen Bedarf zu decken. Man sieht also auch, diese Zutat sollte als kostbarer Schatz behandelt werden.

Dies erklärt in reduziertem Umfang den Preis von fertigen Produkten, welche Sandelholz oder Adlerholz enthalten. Beim Räuchern sorgt es für Entspannung und gute Konzentration. Man wird gelassener und es hat einen wunderbaren positiven Effekt auf das Gemüt.

Australisches Sandelholz

Aus derselben Gattung gibt es noch folgende Hölzer:

- *Santalum austrocaledonium*, welches aus Neukaledonien oder Vanuatu stammt. Weitere Variationen wären *Pilosulum* und *Minutum.*
- *Santalum yasi* von den pazifischen Inseln, Tonga oder Fidschi.
- *Santalum ellipticum, freycinetianum* oder *haleakalae*, welches in Hawaii (USA) gefunden werden kann.
- *Santalum macgregorii* aus Papua-Neuguinea und Indonesien.

Das sind noch nicht alle und Exporte sind eher rar. Die Duftprofile unterscheiden sich von *Santalum album*, das am feinsten und lieblichsten duftet.

Rot-Sandel

Hier haben wir einen Baum, der mit dem oben genannten Sandelholz nichts gemeinsam hat. Jedoch trägt es den Namen Rotes Sandelholz. Dabei handelt es sich um *Pterocarpus santalinus*, auch Rot-Sandel genannt. Er stammt aus der Familie der Schmetterlingsblütler (Aluri, 2002).

Im Gegensatz zu den immergrünen Sandelholzbäumen haben wir hier einen Laub abwerfenden Baum. Er enthält ein rotes Exsudat welches als rotes Kino

Rot-Sandel

bezeichnet wird. Das Holz hat keinen bis kaum einen Duft. Rotes Sandelholz ist beliebt in der Kosmetikherstellung, da es eine entzündungshemmende Eigenschaft aufweist.

Zudem ist auch dieses Sandelholz sehr beliebt in Räucherwerken, denn es enthält den Farbstoff Santalin. Dieser sorgt dafür, dass die Flamme etwas rötlich-orange erscheinen kann. Weiters dient es als idealer Füllstoff und hat eine sehr gute Brenneigenschaft. Es weist keinen ausgeprägten Duft auf, er ist eher als neutral zu bewerten.

In vielen Kulturen hat es hauptsächlich eine spirituelle Bedeutung, wie bei Schutz- und Reinigungsräucherungen. Ein Grund mehr, um bei Räucherungen verwendet zu werden.

Leider ist es auch hier so, dass Rotes Sandelholz unter Artenschutz gestellt werden musste. Wie bei Weißem Sandelholz und Adlerholz ist ein Handel nur unter bestimmten Auflagen erlaubt. In der EU besteht ein Einfuhrverbot aus Indien. Wie alle diese besonderen Hölzer gilt es als stark gefährdet und wird nun in Plantagen angebaut.

Beim Räuchern verwende ich es gerne, da es die Duftstoffe harmonisiert und ausgleicht. Zudem ist es ein sehr gutes und zuverlässiges Basismaterial. Rotes Sandelholz sorgt für einen Wohlfühleffekt und für positive Energien im ganzen Raum. Es wirkt sanft reinigend und heilend zugleich.

Zudem gibt es weitere Hölzer unter dem Namen Sandelholz

› Westindisches Sandelholz – *Amyris balsamifera*
› Ostafrikanisches Sandelholz – *Osyris lanceolata*, *O. tenuifolia*

WACHOLDER

Wacholderarten aus der Gattung *Juniperus* sind beliebte Räucherhölzer. Es gibt unzählige davon. Bei uns heimisch sind *Juniperus communis* und *J. communis* var. *saxatilis*. Beide stammen aus der Familie der Zypressengewächse.

Juniperus communis – Heide-Wacholder ist in Vorarlberg sehr selten. Wir verfügen dafür über große Bestände des *Juniperus communis* var. *saxatilis,* welcher genauso verwendet werden kann. Beachte hierbei bitte die Naturschutzbestimmungen des jeweiligen Bundeslandes. Das Vorkommen erstreckt sich über weite Teile der nördlichen gemäßigten Zonen, einschließlich Europas sowie Asiens und Nordamerikas.

Das Holz und die Zweige können zu Pulver verarbeitet werden. Es weist einen würzigen, angenehmen Duft auf, der an einen Hauch von Zitrus erinnert. Vom Charakter würde ich es als frisch, holzig bezeichnen, mit einer belebenden Wirkung und zudem vertreibt er negative Energien. Wacholder hat eine desinfizierende Wirkung, was ich an ihm schätze. Im Brauchtum wird ihm eine keimtötende Effektivität nachgesagt.

Wacholder

TIPP

Der Heide-Wacholder lässt sich unkompliziert in den Garten pflanzen und wächst an guten Plätzen relativ schnell. So hat man die Möglichkeit, seinen eigenen Heide-Wacholder zu verwenden. Man kann ihn auch wunderbar im Topf halten, wenn der Garten zu klein ist.

ZEDERNHOLZ

Die Atlas-Zeder *Cedrus atlantica* oder Himalaya-Zeder *Cedrus deodara* weisen beide einen feinen Duft auf. Sie stammen aus der Familie der Kieferngewächse.

Auch hier ist das Kernholz mit ätherischem Öl durchtränkt und findet Verwendung. Ich mag diesen Duft sehr, er hat etwas Zitrusartiges und Würziges an sich. Er bringt immer gute Laune und fördert die Konzentration, Schwermut wird vertrieben. Es ist einfach ein positives Erlebnis und sorgt für ein wohliges Befinden.

Zeder

ZIRBELKIEFER

Dabei handelt es sich um *Pinus cembra*, welche bei uns als Zirbe bezeichnet wird. Auch dieser Baum stammt aus der Familie der Kieferngewächse.

Die Zirbe ist ein heimischer Baum mit einem harzhaltigen Kernholz. Durch diese enthaltenen ätherischen Öle duftet das Holz sehr fein. Der Zirbenduft wirkte gegen Ungeziefer und es wird ihm nachgesagt, er habe einen positiven Einfluss auf den Schlaf.

Das verwundert nicht, denn der Duft ist erdend und beruhigend, wohltuend und sehr entspannend. Allerdings hat mich das starke Aroma beim Verräuchern dann eher überrascht. Es verräuchert sich sehr intensiv und ist nicht mit dem Holzduft vergleichbar. Jedoch hat jede Person ein anderes Duftempfinden.

Zirbelkiefer

Weniger bekannte Dufthölzer:

ROTES CHINARINDENPULVER

Auch als Red China bekannt mit dem botanischen Namen *Chinoa succirubra*. Die Pflanze stammt aus der Familie der Krappgewächse und ist ursprünglich in Mittel- und Südamerika heimisch. Allerdings wird sie auch in Indien und China sowie in tropischen Plantagen Asiens kultiviert. Verwendet wird die getrocknete Rinde des Baumes. Die Rinde ist weltweit bekannt durch den enthaltenen Chinin-Gehalt, ein klassisches Bitteralkaloid. Zudem befinden sich aromatische Harze und ätherische Komponenten in der Rinde.

Der Duft der pulverisierten Rinde ist überraschend balsamisch und ein bisschen herb-aromatisch. Mich erinnert er dezent an Weihrauchharz. Beim Räuchern ist das Aroma erdig, warm-holzig und der Rauch ist erhebend und klar. Das Pulver kann für Meditationszwecke und Rituale eingesetzt werden oder für eine schöne Raumgestaltung. Auf dieses Holz bin ich schon vor Jahren gestoßen, als ich mir einen Tonic-Wasser-Sirup selbst hergestellt habe (Schneider, Natur zum Wohlfühlen, 2018).

Rote Chinarinde

Folgende Hölzer konnte ich auf einem Grazer Weihnachtsmarkt erwerben. Es waren ideale kleine Mengen zum Testen. Bis dahin wusste ich gar nicht, was es noch alles für fantastische Dufthölzer gibt. Dieser Marktstand hat meine Börse sehr erleichtert, aber so konnte ich weitere Erfahrungen sammeln.

TEPEZCOHUITE

Dabei handelt es sich um die Rinde des *Mimosa tenuiflora* aus der Familie der Hülsenfrüchtler. Er stammt ursprünglich aus den tropischen und subtropischen Regionen Mexikos und Brasiliens. Auch in anderen Teilen Zentral- und Südamerikas ist er verbreitet.

Wir verwenden die getrocknete und pulverisierte Rinde des Tepezcohuite-Baumes. Er findet als Bestandteil in der Kosmetikproduktion Verwendung. Der Duft der Rinde ist mild, süßlich aromatisch und ein bisschen holzig. Er ist nicht aufdringlich, sondern erdend und beruhigend. Beim Räuchern wird das Holz gerne verwendet, um eine heilende Atmosphäre zu schaffen und Entspannung zu fördern. Man könnte die Rinde sehr gut mit Copal oder Sandelholz kombinieren. Tatsächlich ist dieser Räucherstoff aufgrund seiner Inhaltsstoffe nicht in allen Ländern legal.

ANANTMUL

Wird auch als Indisches Sarsaparilla bezeichnet und ist botanisch unter dem Namen *Hemidesmus indicus* zu finden. Die Pflanze stammt aus der Familie der Hundsgiftgewächse. Ursprünglich war sie in den tropischen und subtropischen Regionen Indiens und Südostasiens zu finden. Heute ist sie auch in tropischen Gebieten Afrikas und Australiens verbreitet.

Vom Anantmul-Strauch wird die getrocknete, pulverisierte Wurzel verwendet. Das Holz weist Akzente auf, die eher frisch sind, vielleicht ein bisschen säuerlich, aber nicht unangenehm mit einer harmonisierenden Wirkung. Anantmul sollte nicht mit Sarsaparilla – *Smilax officinalis* aus der Familie der Stechwindengewächse – verwechselt werden.

GUAJAKHOLZ

Die Baumarten sind unter den botanischen Namen *Guaiacum officinale* und *G. sanctum* bekannt und aus der Familie der Jochblattgewächse. Das Holz wird von Bäumen gewonnen, deren Herkunft die Karibik, Mittelamerika und das tropische Südamerika ist. Es wird in Spänen oder kleinen Stücken angeboten.

Es ist ein hartes und ölhaltiges Holz. Man benötigt einen guten Mixer, um es zu pulverisieren. Es hat eine gute, langsame Brenneigenschaft. Der Duft ist tief und holzig mit einer balsamischen Note. Er geht auf die Harze und ätherischen Öle wie z. B. Guaiacol, Lignane und Guaiacin zurück. Ich finde, es ist als Zusatz zur Basisnote geeignet und kann für Schutz- und Reinigungsräucherungen verwendet werden. Es ist meines Erachtens sehr stark, deshalb mische ich gerne weitere Basishölzer dazu. Für einige Guajak-Arten gibt es einen Schutzstatus aufgrund von Übernutzung. Sie sind in Teilen ihres natürlichen Lebensraums gefährdet. Der Plantagenanbau gestaltet sich schwierig. Beide Bäume weisen ein sehr langsames Wachstum auf.

Das Aroma ist ein bisschen vanillig-balsamisch und würzig. Es wirkt belebend und erdend und eignet sich gut für entspannende Zeremonien und Reinigungsrituale. Alternativ kann man auf Palo Santo ausweichen. Palo Santo lässt sich ein bisschen besser in Plantagen anbauen und weist eine ähnliche Wirkung auf.

SUGANDHA KOKILA

Auch bekannt als Nepalesischer Zimt. Der botanische Name ist *Cinnamomum glaucescens*. Es handelt sich um einen immergrünen Baum aus der Familie der Lorbeergewächse. Seine Heimat ist die Himalaja-Region Nepals, Indiens und Bhutans. Er gedeiht auf einer Höhe von 1.300 bis 1.500 Metern.

Verwendet wird neben den Beeren auch die Rinde. Zum Räuchern wird traditionell die Rinde verräuchert. Sie wird getrocknet und langsam abgebrannt, um einen aromatischen Rauch zu erzeugen. Im Himalaja wird sie für heilende und spirituelle Zwecke verräuchert. Das Aroma ist würzig-harzig. Ein etwas grün-minziger Unterduft schwingt mit. Der Nepalesische Zimt fördert Ausgeglichenheit und innere Ruhe und sorgt für Entspannung und Wohlbefinden. Da der Baum in einigen Regionen unter Schutz steht, gibt es Bestrebungen und laufende Projekte eines kultivierten Anbaus (Boro & Singh, 2024).

LINALOEHOLZ

Dieses Holz wird von *Bursera delpechiana* gewonnen, aus der Familie der Balsambaumgewächse. Es handelt sich um einen immergrünen Baum, der in Mexiko heimisch ist. Hauptsächlich wächst er in den tropischen und subtropischen Regionen Mexikos. Er ist auch bekannt als mexikanischer Linaloe-Baum.

Zum Räuchern wird das Holz verwendet, welches eine gelb-orange Farbe aufweist. Es ist vom Duftprofil eine Kopfnote und hat ein leicht zitroniges, aber süßliches und holziges Aroma. Man kann sagen, dass das Aroma auch ein bisschen harzig, frisch und etwas minzig erscheint. Es ist belebend und zudem konzentrationsfördernd. Das Aroma unterstützt bei Stress oder angespannten Bedingungen durch die beruhigende Wirkung. Diese Baumart gilt in ihrer Heimat inzwischen als gefährdet, da sie hauptsächlich für die Gewinnung von ätherischem Öl Verwendung findet (Sagnay, et al., 2021). Inzwischen wird das ätherische Öl auch aus der Fruchternte gewonnen statt aus dem Holz. Zudem gibt es einige Bestrebungen, die eine nachhaltige Nutzung sichern sollen. Zu Beginn des 20. Jahrhunderts wurde der Baum in Plantagen in Indien eingeführt, um seine Nutzung zu sichern.

KADEHOLZ

Ein weiterer Name ist Stech-Wacholder und botanisch trägt er den Namen *Juniperus oxycedrus*. Er gehört wie der Heide-Wacholder zu den Zypressengewächsen. Seine Heimat ist allerdings der Mittelmeerraum, auch die Türkei oder Nordafrika.

Es ist ein immergrüner kleiner Strauch, von dem wir das Holz zum Räuchern verwenden können. Das daraus gewonnene ätherische Öl wird auch gerne als Cade-Öl bezeichnet. Das Holz hat eine helle, beige Farbe und kann zu den Basisnoten gezählt werden. Der Duft ist eher holzig, erdig und ein bisschen rauchig. Es lässt sich gut mit Zeder, Labdanum-Harz oder Rosmarin kombinieren. Es unterstützt beim Räuchern die Heilung, das Wohlbefinden und sorgt für Gemütlichkeit. Aber auch für eine raumdesinfizierende Räucherung ist es geeignet. Früher wurde es auch während schwerer Choleraepidemien oder zu Pestzeiten verwendet, was auf seine reinigende Wirkung hindeutet.

Das Holz ist aufgrund seines feinen Geruchs besonders beliebt für Drechsel-Arbeiten.

Guajakholz

Duftende Kräuter

Es gibt viele wohlduftende Kräuter. Beachte jedoch, dass der Duft beim Verbrennen oft ganz anders ausfällt als angenommen. Der Duft von Kräutern beim Verbrennen ist oft sehr stark und alles andere als lieblich. Manche haben auch eine starke Rauchentwicklung.

Um angenehme Duftkreationen zu gestalten, empfiehlt es sich, Kräuter nur bis zu maximal 40 % einzusetzen. Erst in Kombination mit den Hölzern und Harzen wird der Duft wunderbar abgerundet.

Im Grunde kann man für sein Räucherwerk verwenden, was man im Garten hat, was einem energetisch gut passt oder was einem gut gefällt. Lass dich leiten und verwirkliche eigenen Kreationen.

Es bereitet viel Freude, der Kreativität freien Lauf zu lassen.

Kräutergarten

Folgende Pflanzen habe ich im eigenen Garten und verwende sie daher immer wieder. Es gibt aber noch unzählige mehr.

BEIFUSS

Artemisia vulgaris aus der Familie der Asteraceae ist eines der größten Schutzkräuter. Der Duft ist erdig und warm. Beim Verräuchern wird die Luft vollkommen klar und rein. Beifußarten gibt es unzählige und sie alle sind sich ähnlich und doch im Duftprofil so unterschiedlich. Alle Arten sind großartige Räucherpflanzen.

EUKALYPTUS, MOSTGUMMI

Eucalyptus gunni darf bei meinen Räucherzutaten nicht fehlen. Er gehört zur Familie der Myrtengewächse. Ich habe einen im Garten, weil er winterhart ist. Der Baum ist inzwischen sehr groß und ich kann immer etwas davon ernten. Die Blätter weisen keinen Duft auf, trocknet und pulverisiert man sie, entwickelt er einen unglaublich guten Duft. Beim Verräuchern geht er sehr in die Tiefe, ist krautig und erfrischend. Ich bevorzuge ihn in Kombination und nicht als Einzeldroge.

LAVENDEL

Lavandula angustifolia aus der Familie der Lippenblütler. Der Duft ist blumig und süßlich. Er ist wunderbar entspannend und hilft, Stress zu reduzieren. Wenn man aus dem Gleichgewicht gekommen ist, hilft Lavendel, einen wieder mit sich selbst in Einklang zu bringen.

Die oberirdischen Pflanzenteile werden verwendet. In Kegeln verursacht Lavendel eine stärkere Rauchentwicklung. Die Stängel eignen sich wunderbar als Räucherstäbchenkern.

ECHTER LORBEER

Laurus nobilis aus der Familie der Lorbeergewächse wird bei mir viel verwendet. Das kommt daher, dass ich einen Baum im Garten habe. Ich bin sehr überrascht von dieser Pflanze, da sie normalerweise bei uns nicht winterhart ist. Der Platz scheint ihm aber besonders gut zu gefallen, denn inzwischen ist er sehr groß. Lorbeer hat den Ruf, uns vor Verzauberungen zu schützen. Der krautige Geruch beim Verräuchern ist angenehm, aber auch sehr stark. Die Blätter neigen zu etwas mehr Rauchentwicklung. Sie bringen positive Schwingungen in einen Raum und vertreiben das Üble. Lorbeer vertreibt auch Kochgerüche.

MINZE

Gattung *Mentha* aus der Familie der Lippenblütler. Inzwischen gibt es unzählige Minzarten. Ich verwende die Minzen aus meinem Garten. Vorwiegend *Mentha* x *piperita* oder *Mentha spicata*. Minzen sind sehr erfrischend und klären den Geist. Sie fördern die Konzentration und beleben die Sinne. Das schätze ich so an ihnen. Sie vertreiben negative Energien und beruhigen die Nerven. Ich verwende sie gerne in Kombinationen mit anderen Kräutern.

ROSE

Rosa canina und andere Duftrosen aus der Familie der Rosengewächse sind fantastisch zum Räuchern. Der Duft ist zart, lieblich und sehr angenehm. Sie stehen für Liebe, Güte und Wohlbefinden. Sie wirken positiv auf Körper, Geist und Seele. Ich habe verschiedene Duftrosen im Garten, welche ich alle zum Räuchern verwende. Sie entfalten einen zarten Duft beim Verräuchern und Glimmen.

ROSMARIN

Salvia rosmarinus aus der Familie der Lippenblütler ist ein guter Stimmungsmacher. Er ist anregend und konzentrationsfördernd. Er ist stark und wird darum gerne zur Reinigung von Räumen und Krankenzimmern mitverwendet. Er eignet sich dafür hervorragend. Der Duft ist krautig-aromatisch.

SALBEI

Salvia officinalis aus der Familie der Lippenblütler ist für mich der Inbegriff des Desinfizierens. Er ist besonders aromatisch und reinigend. Salbei darf bei keiner Räucherung eines Krankenzimmers fehlen, weil er viel Rauch entwickelt. In Kombination mit Minze hat er eine konzentrationsfördernde und erfrischende Wirkung.

WACHOLDER

Juniperus communis aus der Familie der Zypressengewächse ist vielseitig nutzbar. Nicht nur das Holz, auch die Blätter und die Früchte sind wunderbare Räucherzutaten. Er ist aromatisch, aber auch sehr intensiv und bringt Wärme mit sich. Was ich so an ihm schätze, ist die herausragende reinigende Kraft. Die Früchte sind etwas süßlich und herb und genauso wunderbar zum Verräuchern geeignet wie die Triebspitzen.

Um mit Räucherwerk anzufangen, benötigt man weder einen Garten noch eine Fülle an Kräutern. Ein Griff in den Gewürzschrank reicht aus. Mit den Gewürzen oder Kräutern aus dem Vorratsschrank lassen sich die ersten Räuchermischungen herstellen. Alles, was man noch braucht, ist ein geeignetes Bindemittel.

Arbeitsplatz einrichten

Ein Arbeitsplatz mit Stellfläche für die ganzen Materialien ist sehr praktisch.

Eine Abdeckung für den Tisch ist hilfreich, denn besonders Buchenholzkohle und Harze können Flecken darauf hinterlassen, die sich schwer entfernen lassen. Ich decke meinen Tisch mit einem abwaschbaren Tischtuch ab.

Als Unterlage verwende ich ein größeres Holzbrett. Darauf kommt ein Tischset aus Kork, es lässt sich nass abwischen.

Ich habe inzwischen drei Mahlwerke für mein Räucherwerk in Betrieb. Für kleine Mengen ist eine Kaffeemühle oder ein Mörser ausreichend. Für Hölzer verwende ich größere Maschinen und stelle auch gleich größere Mengen her. Für das Zerkleinern der Harze verwende ich einen Mörser, der nur für Harze zum Einsatz kommt.

- Als Erstes sollte man ein Rezept entwickelt haben. Beachte die Prozentaufteilung der jeweiligen Zutaten.
- Lege die benötigten Utensilien (siehe Seite 96) griffbereit zusammen.
- Hole die benötigten Materialien und pulverisiere sie als ersten Schritt.
- Anschließend werden die Materialien gesiebt.
- Am einfachsten wiegt man die Zutaten mit einer Feinwaage ab. Erst nach dem Abwiegen der einzelnen Zutaten wird gemischt.

EINFACHE REZEPTE ZUM ÜBEN

Es sind Rezepte mit verschiedenen Gummibindemitteln. Sie alle haben etwas andere Eigenschaften. Am besten probiert man aus, mit welchem Gummibinder man gut klarkommt. Es sind Übungsrezepte und mit manchen kann man sogar Stäbchen formen.

Wenn man Materialien austauschen möchte, muss man unbedingt das Mischverhältnis von Basismaterial und Duftstoffen einhalten.

Nachdem man die Spur gezogen hat und die Flüssigkeit ergänzt wurde, kann man mit der Zugabe von ätherischen Ölen arbeiten.

Du kannst die Kräuter austauschen, belasse die Mengenangaben vorerst gleich.

Teste immer die Brennbarkeit der Mischung, bevor die Flüssigkeit ergänzt wird.

Viel Spaß beim Experimentieren.

einfache Kegel

REZEPT

Rosenhauch

ROSENHAUCH

FÜR KEGEL

- 2,5 g Vanille-Weihrauchharz-Pulver (siehe nächste Seite)
- 2 g Rosenblüten – *Rosa canina* oder andere Duftrosen

Basismaterial
- 10 g Weißes Sandelholz – *Santala album*

Bindemittel
- 1,3 g Tragant, Pulver

Flüssigkeit
- Rosenblüten-Hydrolat

- Alle Pulver sollten sehr fein sein und gesiebt werden. Ist alles gut durchmischt, kann man eine Spur ziehen. Brennt die Spur gleichmäßig runter, ist die Mischung ideal.

- Danach wird sehr langsam und in kleinen Schritten etwas Hydrolat hinzugegeben. Das Bindemittel braucht Zeit zum Quellen.

- Es entsteht ein klebriger Teig, der sollte sich vom Schüsselrand lösen. Idealerweise gibt man den feuchten Teig in den Mörser und stampft ihn dort für einige Zeit. Dies fördert die Klebeeigenschaft des Binders und die Aromen werden besser verbunden.

- Nach diesem Schritt werden Kegel geformt. Ich lege etwas Teig auf ein Holzbrett und presse den Teig kegelförmig zusammen. Durch das Drehen auf dem Brett lassen sie sich gut formen. Es ist Geduld und Übung gefragt. Mit einem Messer presse ich den Boden flach, damit der Kegel gut steht. Nun sollte man diese, je nach Größe, etwa 14 Tage trocknen lassen.

TIPP

Es gibt unterschiedliche Herangehensweisen. Man kann mit Backpapier eine Tülle formen und den Teig hineinpressen. Oder man formt zuerst eine Kugel und rollt aus diesem weiter einen Kegel.

Vanille-Weihrauch

Man kann hier die bevorzugte Weihrauchvariante verwenden. Ich verwende sehr gerne Honigweihrauch – *Boswellia neglecta*. Man muss sich überlegen, für welche Räuchermischung man Vanille-Weihrauch verwendet. So fällt die Wahl leichter. Jeder Weihrauch ist energetisch etwas anders.

- 15 g Weihrauchharz-Pulver – *Boswellia neglecta*
- 3 g Echte Vanille, getrocknete Schoten – *Vanilla planifolia*

- Die Vanillestangen halbieren und das Mark herauskratzen. Das Vanillemark mit dem Weihrauch-Pulver mischen. Ich mache das ganz gerne im Mörser.

- Anschließend in Gläser abfüllen. Ich lasse das Glas für 3 Tage noch offen stehen, bevor ich es verschließe.

Ruhe und Kraft

Für Kegel

- 1,5 g Rosmarin – *Salvia rosmarinus*
- 1,5 g Zitronenmelisse – *Melissa officinalis*

Basismaterial
- 4 g Buchenholz – *Fagus sylvatica*

Bindemittel
- 2,5 g Eibischwurzel – *Althaea officinalis*
- 0,8 g Gummi-arabicum-Pulver

Flüssigkeit
- Zitronenmelissen-Hydrolat

- Alle Zutaten in einer Schüssel mischen, Spur ziehen und anschließend mit etwas Hydrolat befeuchten. Eibischwurzel benötigt ein bisschen Zeit zum Quellen.

- Es entsteht ein klebriger Teig, der zu kleinen Kegeln geformt werden kann. Auch diesen Teig stampfe ich im Mörser.

- Hilfreich ist eine Kegelform. Die kleinen Kegel von ca. 4 g per Stück auf einem Trockenbrett auslegen und trocknen lassen.

REZEPT

ROSENGLUT

FÜR KEGEL

- 3 g Rosenblüten – *Rosa canina* oder andere Duftrosen
- 2 g Dammar – *Shorea wiesneri*
- 1,5 g Styrax-Holzchips – *Liquidambar orientalis*

Rosenglut

Basismaterial
- 12 g Rotes-Sandelholz-Pulver – *Pterocarpus santalinus*
- 0,5 g Ceylon-Zimt-Pulver – *Cinnamomum verum*
- 1 g Buchenholzkohle, ohne Zusätze

Bindemittel
- 1,5 g Tragant
- 0, 5 g Xanthan

Flüssigkeit
- Rosen-Hydrolat

Zusatz
- etwas Rosenblüten-Pulver

- Alle gesiebten Pulver samt Bindemittel in einer Schüssel gut vermengen. Das Spurziehen nicht vergessen.
- Anschließend langsam etwas Rosen-Hydrolat hinzugeben und das Ganze zu einem klebrigen Teig verarbeiten.
- Kleine Kegel formen, im Rosenblütenpulver wenden und für ein paar Tage trocknen lassen.

ANMERKUNG

Diese Rezepte sind sehr einfach und daher ein idealer Anfang, um ein Gespür für die verschiedenen Gummibindemittel zu bekommen. Beim Austauschen der Gummibinder achte auf eine maximale Konzentration von 10 % des Gummibinders und ca. 50 % des Basismaterials. Lasse den Schritt des Spurziehens nie aus.

CLEAN SPIRIT

Für Kegel

- 7 g Zitronengras – *Cymbopogon citratus*
- 2 g Copal blanco – *Bursera bipinnata*

Basismaterial
- 7 g Atlas-Zeder – *Cedrus atlanitca*
- 1,5 g Buchenholzkohle, ohne Zusätze

Bindemittel
- 1,5 g Tragant

Flüssigkeit
- Wasser, destilliert

Zusatz
- Zitronengras-Pulver

- Die Materialien pulverisieren, sieben, eine Spur ziehen und dann mit Wasser anrühren. Der Teig sollte sich wie Knete anfühlen und sich vom Schüsselrand lösen. Nach dem Stampfen im Mörser ist der Teig sehr geschmeidig.

- Eine Rolle formen und den Teig in ca. 4-g-Stücke schneiden. Diese zu Kegeln formen, in Zitronengraspulver wenden und trocknen lassen.

HOLZ UND BLÜTE

Für Kegel

- 1 g Jasminblüten – *Jasminum officinalis*

Basismaterial und Aroma
- 6 g Palo Santo – *Bursera graveolens*

Bindemittel
- 1 g Benzoe siam – *Styrax tonkinensis*

Flüssigkeit
- Wasser, destilliert

- Die Pulver in einer Schüssel mischen, Spur ziehen und anschließend durch Zugabe von Wasser einen Teig kneten. Palo Santo ist harzhaltig und nimmt das Wasser nicht so gut auf. Man sollte dem Teig ein bisschen Zeit geben. Das geht am besten luftdicht abgedeckt für ca. 30 Minuten.

- Anschließend Kegel formen.

Holz und Blüte

REZEPT

CISTROSE UND KORN

FÜR KEGEL ODER STÄBCHEN

- 2 g Styrax-Holzchips – *Liquidambar orientalis*
- 8 g Cistrose – *Cistus ladanifer*
- 2 g Kornblumen – *Centaurea cyanus*

Cistrose und Korn

Basismaterial
- 5 g Rotes Sandelholz – *Pterocarpus santalinus*
- 3 g Buchenholz – *Fagus sylvatica*

Bindemittel
- 1,5 g Guarkernmehl

Flüssigkeit
- Wasser, destilliert

- Die Materialien pulverisieren, sieben, eine Spur ziehen und dann mit Wasser anrühren. Der Teig sollte sich immer wie Knete anfühlen und vom Schüsselrand lösen. Nach dem Stampfen im Mörser ist der Teig sehr geschmeidig.

- Dieses Rezept eignet sich für den Extruder und es lassen sich sogar Stäbchen formen.

TIPP

Am besten ist es, wenn man den Extruder direkt auf dem Trockenbrett ansetzt, damit man die Stäbchen nicht mehr bewegen muss. Sie brechen wesentlich schneller als mit einem Holzbindemittel. Zur Sicherheit habe ich einen Holzkern in die Teigschnur gedrückt. So bleiben sie etwas stabiler.

Kaffee und Gras

Für Kegel oder Stäbchen

- 5 g Kaffee – *Coffea arabica*
- 2 g Zitronengras – *Cymbopogon citratus*
- 1 g Zitrusschalen – *Citrus* x *sinensis* oder Ähnliches
- 1 g Dammar – *Shorea wiesneri*

Basismaterial
- 9 g Buchenholz – *Fagus sylvatica*
- 0,5 g Zimt – *Cinnamomum verum*
- 0,5 g Nelke – *Syzygium aromaticum*

Bindemittel
- 1,5 g Guarkernmehl

Flüssigkeit
- Espresso

Zusatz
- Kaffeepulver

- Die Materialien pulverisieren, sieben, eine Spur ziehen und dann mit dem Espresso anrühren. Bei Bedarf noch destilliertes Wasser zusätzlich verwenden. Der Teig sollte sich wie Knete anfühlen und vom Schüsselrand lösen. Nach dem Stampfen im Mörser ist der Teig sehr geschmeidig.

- Eine Rolle formen und den Teig in den Extruder füllen oder draus Kegel formen.

- Für einen Kegel benötigt man ca. 4 g. Die Kegel in Kaffeepulver wenden und trocknen lassen. Die Stäbchen auf einem Trockenbrett trocknen lassen.

Kaffee und Gras

Gold und Rauch

Für Räucherbomben oder für die Silikonform

- 3 g Moxa amerikanisch – *Artemisia douglasiana*
- 3 g Echter Lavendel – *Lavandula angustifolia*
- 2 g Kurkuma – *Curcuma longa*
- 3 g Honig, infundiert mit Kurkuma- und Ingwer-Pulver

Basismaterial
- 10 g Buchenholz – *Fagus sylvatica*
- 1 g Buchenholzkohle, ohne Zusätze

Bindemittel
- 2 g Joss-Pulver
- 0,5 g Gummi arabicum

Flüssigkeit
- Lavendel-Hydrolat

- Alle Materialien bis auf den Honig mischen, im Mixer zu feinem Pulver verarbeiten und sieben.

- Den Honig zugeben und gut unterkneten. Nach und nach Wasser dazugeben, bis ein geschmeidiger Teig entsteht, und gut kneten. Anschließend im Mörser eine Zeit lang stampfen.

- Nach diesem Prozedere kann der Teig in Stücke geteilt und zu etwas größeren Kugeln geformt werden.

- Optional kann man die Stücke auch in eine Silikonform geben, damit ein schönes Muster auf der Oberfläche entsteht.

Gold und Rauch

SPEZIALTEIL

Gänsebirne

Räucherwerk aus der *Gänsebirne* oder auch *Goose Pear Tent Incense* genannt ist etwas ganz Exklusives.

In China wurde die hohe Kunst der Weihrauchherstellung perfektioniert und von Generation zu Generation weitergegeben. Und auch bei diesem Rezept handelt es sich wahrlich um ein altes Verfahren aus der südlichen Tang-Dynastie. In den Quellen geht dieses Rezept als *Baldachin-Duft des Herrschers Li von Jiangan* hervor. Die Familiengeschichte, die hinter diesem Rezept steht, ist traurig, gab aber dem Herrscher Anlass, das Rezept zu kreieren, um seiner geliebten Gattin Gutes zu tun. Heutzutage gibt es unterschiedliche Herangehensweisen und ich möchte euch gerne zeigen, wie ich meine Gänsebirne zubereite (Schneider, Natur zum Wohlfühlen, 2024).

BEOBACHTUNG

Interessant ist die Duftreife, welche hier von Bedeutung ist. Sind die Kegel oder Stäbchen ganz frisch getrocknet, hinterlassen sie einen feinen süßen Rauch. Nach ein paar wenigen Wochen ist das süße Aroma verschwunden. Lässt man das Räucherwerk aber mindestens für 6 Monate reifen, ergibt sich ein wunderbares, abgerundetes Aroma, welches mich immer wieder verzückt.

Ich habe für meine Gänsebirnen verschiedenste Materialien ausprobiert. Äpfel eignen sich genauso gut wie Birnen. Hierbei wird das Kerngehäuse, wie bei der Quitte, entfernt und das Holzpulver eingefüllt. Der Nachteil ist, dass sie drei Mal dämpfen gerade überstehen. Die Früchte sind wesentlich schneller weich und kippen im Dämpfer. Hier sollte man genau darauf achten, ob es nicht besser ist, nur zwei Dampfzyklen durchlaufen zu lassen. Weniger geeignet erwies sich eine ausgepresste Orange. Hier war zu wenig Feuchtigkeit vorhanden, damit die Hölzer durchzogen werden konnten. Der Duft der Orange war somit nicht gut vorhanden. Aber: Es war einen Versuch wert.

Die Gänsebirne ist äußerst erlesen in Kombination mit Weißem Sandelholz und Adlerholz. Aber auch Palo Santo, Zirbe, Rotes Sandelholz oder Zeder sind hervorragend geeignet.

REZEPT

GÄNSEBIRNEN-ANLEITUNG

- Meistens werden frische Quitten aufgeschnitten und das Kerngehäuse vorsichtig entfernt. Es sollte eine Art Gefäß mit Deckel entstehen. Die ausgehöhlten Quitten werden anschließend mit edlen Holzpulvern befüllt. Ursprünglich kamen Adlerholz und Sandelholz zum Einsatz.

- Die befüllten Quitten-Gefäße werden mit dem Quitten-Deckel verschlossen und mit ein paar Zahnstochern fixiert. Nun werden die Quitten mindestens 3 Mal gedämpft.

- Ein Dampfzyklus dauert 1 Stunde. Anschließend lasse ich das Ganze für mindestens 3 Stunden oder über Nacht abkühlen. Der Vorgang des Dämpfens und Abkühlens wiederholt sich 3 Mal. Schon allein dieser Vorgang des Dämpfens sorgt für einen himmlischen Duft in der Küche.

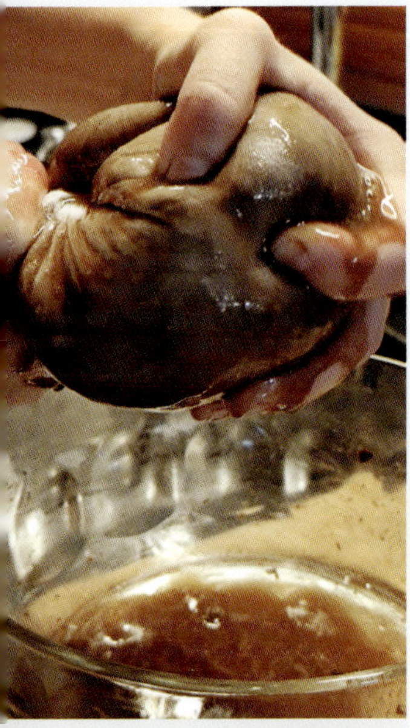

- Zum Schluss ist die Quitte ganz weich. Die Haut kann entfernt werden. Das Quitten-Holzmaterial gibt man in ein Leintuch und presst so viel Saft wie möglich aus. Der Saft wird in einem Behältnis aufgefangen und zur Seite gestellt. Dieser kann als Flüssigkeit für anderes Räucherwerk verwendet werden.

- Das ausgepresste Holz und das Quittenfleisch werden nun auf einem Backpapier zum Trocknen ausgebracht. Ist alles getrocknet, wird die Masse zu feinem Pulver vermahlen und zu Stäbchen oder Kegeln weiterverarbeitet.

- Ich verfeinere dieses Pulver mit weiteren Hölzern und Kräutern sowie Holzbindern. Auch hier wird vor der Flüssigkeitszugabe eine Spur gezogen und die Brenneigenschaft getestet. Erst nach erfolgreichem Bestehen des Brenntests wird die Flüssigkeit, welche aus Quittensaft und Holzaromen besteht, in Teilen dazugegeben. So viel, dass wieder ein schöner formbarer Teig entsteht.

GÄNSEBIRNEN-GRUNDMISCHUNG 1

Je eine entkernte Quitte wird gefüllt mit:

- Palo-Santo-Pulver – *Bursera Graveolens* Ecuador
- Zitronenholz-Pulver – *Citrus limon*
- Rotes-Sandelholz-Pulver – *Pterocarpus santalinus*
- Adlerholz-Pulver Kalimantan – *Aquilaria* ssp.
- Virginisches-Zederholz-Pulver – *Juniperus virginiana*

Man folgt der Vorgehensweise wie beschrieben. Nach dem Trocknen der Masse samt Fruchtfleisch verzeichnete ich 106 g Pulver.

Durch Zugabe von einem Binder kann dieses Pulver direkt zu Stäbchen, Kegeln oder in welche Wunschform auf immer verarbeitet werden.

Ich habe das Grundpulver weiterverarbeitet und mit folgenden Kräutern vermischt:

- 4 g Damianakraut – *Turnera diffusa*
- 3 g Lärchennadeln – *Larix decidua*
- 2 g Moos – *Shagnum* ssp.
- 3 g Breu-branco-Harz – *Protium heptaphyllum*
- 0,5 g Zirbennadeln – *Pinus cembra*
- 6 g Eichenmoos-Flechte – *Evernia prunastri*
- 2 g Drachenblut-Harz – *Sanguis draconis*

Bindemittel

- 12 g Joss-Pulver

Flüssigkeit

- Zirben-Hydrolat

- Die Harze und Kräuter im Mörser zu einem feinen Pulver vermahlen.
- Das Grundpulver, Bindemittel sowie Harz- und Kräuterpulver gut mischen, nochmals fein vermahlen. Vor der Flüssigkeitszugabe sieben und eine Spur ziehen. Erst nach positivem Resultat wird die Flüssigkeit dazugegeben. Das Hydrolat wird nach und nach mit einer Pipette verabreicht.
- Die Konsistenz des Teiges ist richtig, wenn dieser schön glatt und glänzend ist und nicht mehr am Schüsselrand klebt. Auf der Unterlage sollte keine Feuchtigkeit sichtbar sein. Nach längerem Durchkneten kommt der Teig in den Mörser und wird für eine ganze Weile gestampft. So können sich die Aromen gut verbinden.
- Diese Mischung eignet sich für den Extruder oder Kegel sowie für in Silikonformen gepresste Designs wie Blätter oder Blumen. Das Räucherwerk auf ein Trockenbrett legen und für ein paar Tage gut trocknen lassen.

REZEPT

GÄNSEBIRNEN-GRUNDMISCHUNG II

Je eine entkernte Quitte wird gefüllt mit:

- Rotes Sandelholz – *Pterocarpus santalinus*
- Weißes Sandelholz – *Santala album*
- Mandelholz – *Prunus amygdalus*
- Adlerholz – *Aquilaria* ssp.
- Eichenrinden-Pulver – *Quercus robur*

- Man folgt der Vorgehensweise wie beschrieben. Nach dem Trocknen der Masse samt Fruchtfleisch verzeichnete ich 79 g Pulver.

- Durch Zugabe von einem Binder kann dieses Pulver direkt zu Stäbchen, Kegeln oder in welche Wunschform auf immer verarbeitet werden.

Ich habe das Grundpulver weiterverarbeitet und mit folgenden Kräutern vermischt:

- 4 g Nelkenpulver – *Syzygium aromaticum*
- 4 g Ceylon-Zimt – *Cinnamomum verum*
- 2 g Echter Sternanis – *Illicium verum*
- 2 g Patschuli – *Pogosemon patchouli*
- 2 g Weihrauch-Harz Maydi Fas Sakir aus Somalia – *Boswellia frereana*

Binder

- 7 g Joss-Pulver

Flüssigkeit

- Quitten-Hölzer-Saft

- Die gleiche Vorgehensweise wie bei **Gänsebirnen-Grundmischung I** auf der Seite 179.

Palo Santo

PALO SANTO – GETAUCHTE ODER GEDIPPTE STÄBE

Auch Palo-Santo-Pops genannt. Diese Zubereitungsform ist eine aus jüngster Vergangenheit. Sie geht nicht auf altbewährte Traditionen zurück. Trotzdem wurde früher Palo Santo mit anderen Kräutern verräuchert. Palo-Santo-Pops herzustellen, macht richtig Spaß und sie sehen dazu noch fabelhaft aus.

PALO SANTO UNTER DER LUPE

Die Verwendung von Palo Santo führt auf eine lange Historie zurück. In der Forschung vermutet man, dass die Verwendung sogar auf die Inka-Zeit zurückgeht. Das Holz wird eingesetzt, um schlechte Energien zu vertreiben. Bekannt ist es für seinen feinen, leicht herben Duft und seinen weißen Rauch.

gedippte Palo-Santo-Stäbe

Weiterhin wird es verwendet, um Räume zu reinigen, und vielfach für schamanische Begleitungen. Es wird in verschiedenen Kulturen mit anderen Pflanzen verräuchert.

Palo Santo kommt hauptsächlich aus Peru und aus Ecuador. Der Duft unterscheidet sich je nach Herkunft. Die Hölzer aus beiden Ländern haben einen delikaten Duft. Palo Santo aus Peru ist eher süßlich-holzig mit einem tiefen Duft und Palo Santo aus Ecuador ist etwas frischer, eventuell ein bisschen zitrusartig und klar.

Die enthaltenen ätherischen Öle unterscheiden sich ebenso. Peruanisches Öl enthält etwas mehr Limonen und Linalool, während ecuadorianisches Öl etwas höher in α-Pinen und β-Caryophyllen ist.

Das Kernholz der Bäume ist besonders harzhaltig und kostbar. Das Splintholz, welches die äußere Schicht des Stammes ist, enthält weniger Öl. Kern- und Splintholz werden also deutlich unterschieden. Splint ist weniger aromatisch, heller und trockener und auch spröder. Es hat weniger Duft und das Brennverhalten ist schlechter.

Palo Santo im Vergleich

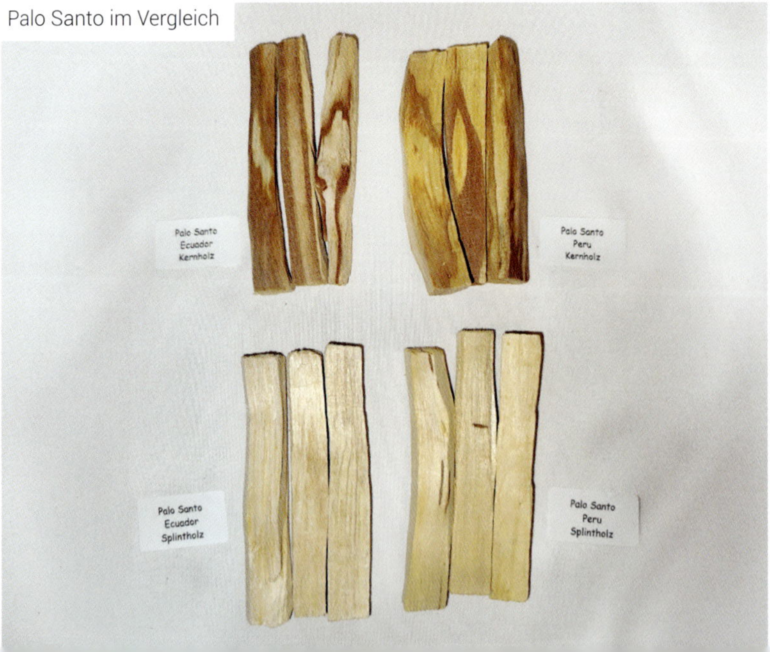

Die Nachfrage ist so enorm, dass Bäume zu früh gefällt werden, statt natürlich umzufallen. Oder es werden gefallene Äste von jungen Bäumen geerntet, welche nicht stark ölhaltig sind.

Nach der Ernte und nach dem natürlichen Absterben des Baumes benötigt das Holz einige Jahre Reifezeit, um seinen charakteristischen Duft zu entwickeln. Das kann bis zu zehn Jahre dauern. In dieser Zeit reichern sich die Harze im Holz an. Frisches oder künstlich getrocknetes Holz glimmt deutlich kürzer.

Es kann passieren, dass ein Lieferant das Holz vor der Reifezeit schon ausliefert. Oder es kommt vor, dass große Lagerbestände vorhanden sind und das Holz zu lange nicht verkauft wurde und an Intensität verliert. So kann es passieren, dass Lieferanten ihr Holz mit Öl bestreichen, um es als hochwertig auszugeben. Es kann somit sein, dass man ein Holz mit starkem Geruch bekommt, aber kaum ersichtlich ist, ob es eine Täuschung ist oder tatsächlich das pure Holz. Echte Verfälschungen sind jedoch nicht häufig – meistens handelt es sich um echtes Palo Santo einer schlechteren Qualität.

BEACHTE

Palo Santo ist ein Naturprodukt und immer, wenn man wieder neues kauft, stammt es von einem anderen Baum und wird sich deshalb anders verhalten als das vorherige. Der Duft kann selbstverständlich unterschiedlich intensiv ausfallen. Es wird also nie gleich sein. Bitte denke daran!

Palo Santo hat einen typischen Geruch, der aber nicht sehr stark sein muss. Kernholz, welches eine optimale Trockenzeit durchlaufen hat, ist harzreich mit leicht dunkleren oder orange-braunen Tönen. Es können kleine Löcher und Maserungen vorhanden sein. Die Oberfläche kann glänzend sein, beim Abbrennen ist die ölige Oberfläche zu erkennen und ein weißer Rauch steigt beim Nachglühen auf. Zündet man nun einen Holzstab an, kann die Flamme einen schwarzen Rauch haben. Das ist ganz normal. Löscht man die Flamme, muss der Rauch weiß werden. Raucht es immer noch schwarz, ist es vermutlich mit Öl behandelt worden.

Bei hochwertigem Holz sieht man beim Brennvorgang, wie das ätherische Öl hochsteigt. Es sind richtige Blasen auf dem Holz sichtbar.

Bei einer weiteren Qualitätskontrolle schabt man mit einem Schnitzmesser immer ein paar Streifen ab und riecht an der abgeschabten Stelle. Wenn der typische Duft hervorkommt, ist es vermutlich eine gute und echte Qualität. Zudem ist eine hochwertige Qualität deutlich schwerer und nicht federleicht.

PALO SANTO ZÜNDEN

Palo Santo ist nicht vergleichbar mit Räucherstäbchen, welche für 40 Minuten kontinuierlich glimmen. Sondern Palo Santo soll eine kurze, dichte Duftwolke schenken.

Manche Hölzer müssen besonders am Anfang zwei bis drei Mal gezündet werden, insbesondere dann, wenn viel Harz vorhanden ist. Dann brennen die Hölzer zu Beginn sehr schlecht. Achte auf eine gute Luftzirkulation.

Palo Santo zünden

Man hält den Stab in einem 45°-Winkel in eine brennende Kerze. Je nach Holz kann es bis zu einer Minute dauern, bis es brennt. Nun hält man den Stab aufrecht und lässt ihn für ca. 20 Sekunden brennen. Dann bläst man die Flamme aus. Die Glut bleibt für 1 bis 4 Minuten erhalten. Danach erlischt sie. Da der Duft sehr intensiv sein kann, muss ich hin und wieder meine Sticks löschen. Das geht ganz einfach, indem man den glühenden Kopf in einen Becher, der mit Sand gefüllt ist, steckt.

TIPP

Es gibt Händler, die Palo Santo ausschließlich von natürlich gefallenen Bäumen anbieten. Das Holz sollte aus nachhaltigem Anbau stammen, um Qualität und Umweltschutz zu gewährleisten. Billig angebotenes Holz sollte Fragen aufwerfen.

gedippte Eberraute

GEDIPPTES PALO SANTO UND ANDERE HÖLZER

Bei diesen gedippten Stäben wird das Holz wie ein Räucherbündel verwendet und mit Kräutern umhüllt.

Um die Stäbe herzustellen, benötigt man einen Kleber, der dafür sorgt, dass die Kräuter an Ort und Stelle bleiben. Zum einen verwenden viele Hersteller Bienenwachs als Kleber. Das Holz wird somit in flüssiges Bienenwachs getaucht und anschließend direkt in einer vorbereiteten Kräutermischung gewälzt. Bienenwachs hat aber den Nachteil, dass es brennt und die Holzstäbe nicht langsam verglimmen.

In den meisten Fällen wird jedoch flüssiges Copal-Harz als Kleber verwendet, in das die Stäbe getaucht werden. Da Copal-Harz kostbar ist und das Verflüssigen mühsam, habe ich mich gegen diese Methode entschieden. Holzbinder, flüssig angerührt, eignen sich sehr gut.

Meines Erachtens kommt kein Holz an das Duftprofil von Palo Santo heran. Ich habe einige Versuche gestartet und verschiedene Hölzer ummantelt wie Echten Lorbeer, Einjährigen Beifuß, verholzte Teile des Weißen Salbeis, Bal-

verschiedene gedippte Hölzer

sam-Pappeln der Art *balsamifera* und *trichocarpa*, Feige der Art *religiosa* und *carica*, Eberraute usw. Zuerst entferne ich die Borke und lasse die geschnittenen Hölzer gut trocknen. Erst nach dem Trocknen werden sie ummantelt.

Für die Ummantelung stelle ich eine Makko-Paste (siehe Seite 190) her. Sie lässt sich gut auftragen und durch die Buchenholzkohle wird das gleichmäßige Glimmen gefördert.

Zum Anzünden ist es dieselbe Herangehensweise wie bei den Palo-Santo-Stäben. Als Erstes sorgt man für eine gute Luftzirkulation.

Das Anzünden solcher gedippten Stäbe dauert jedoch etwas länger, bis eine kleine Flamme an der Spitze entsteht. Meist verglimmt zuerst das Kräutermaterial an der Spitze und der Vorgang muss wiederholt werden, bis auch das Holz brennt.

Ich verwende nur hochwertiges Kernholz. Mit dieser Ummantelung glimmen meine Stäbe so lange, bis ich sie lösche, indem ich sie in ein Sandbett stecke. So erlischt die Glut sofort und man kann den Stab für spätere Zwecke aufbewahren. Meine Erfahrung hat gezeigt, dass diese Kombination aus Makko-Pulver und Buchenholzkohle das Brennverhalten von Palo-Santo-Pops unterstützt.

Ein weiteres Rezept, das ich kreiert habe, ist die Joss-Paste (siehe Seite 191). Allerdings ist Joss ein besonders starker Holzbinder und man benötigt ein Holzpulver, damit die Klebeeigenschaft etwas entschärft wird. Zudem benötigen wir für dieses Rezept mehr Wasser, sonst ist die Paste kaum streichfähig.

Bei diesen gedippten Palo-Santo-Pops erlischt die Glut nach ein paar Minuten. Im Grunde gleich wie ohne Ummantelung. Der Holzanteil allein reicht nicht aus, um das Glimmverhalten zu verlängern wie bei der Makko-Paste. Man kann auch eine Joss-Paste mit Kohle als Mischung herstellen (siehe Seite 192).

REZEPT

Makko-Paste

- › 1 g Buchenholzkohlen-Pulver, ohne Zusätze
- › 10 g Makko-Pulver
- › Wasser, destilliert

- Die Pulver in einer Schüssel gut vermengen und vorsichtig etwas Wasser hinzugeben. Immer gut rühren und gegebenenfalls noch etwas Wasser dazugeben, bis eine schöne streichfähige Paste entsteht. Ich verwende einen Holzlöffel dafür.

- Diese Paste wird nun vorsichtig um zwei Drittel des Holzstabes gestrichen. Anschließend wird dieser gleich in einer ausgewählten Kräutermischung gewälzt. Zum Schluss kann man die Kräuter noch etwas andrücken. Die fertig gedippten Palo-Santo-Stäbe werden auf einem Trockenbrett zum Trocknen ausgelegt oder mit einer Schnur aufgehängt.

- Die Trocknungszeit beträgt einige Tage.

Makko-Paste

REZEPT

JOSS-PASTE

FÜR 8 BIS 9 PALO-SANTO-POPS

› 1 g Joss-Pulver
› 20 g Buchenholz-Pulver
› in etwa 70 g Wasser, möglichst destilliert

- Buchenholz-Pulver mit dem Joss-Pulver in einer Schüssel gründlich verrühren. Unter ständigem Rühren nach und nach das Wasser dazugeben. Eventuell benötigt man weniger oder doch etwas mehr. Es sollte eine möglichst streichfähige Paste entstehen.

- Die Paste wird mit Hilfe eines Löffels auf zwei Drittel des Palo-Santo-Holzes aufgetragen. Anschließend werden die Stäbe in der Kräutermischung der Wahl gewälzt.

- Die fertig gedippten Palo Santo-Stäbe werden auf einem Trockenbrett zum Trocknen ausgelegt oder mit einer Schnur aufgehängt.

Joss-Paste

REZEPT

Joss-Paste mit Kohle

- 0,5 g Joss-Pulver
- 10 g Buchenholz-Pulver
- 1 g Buchenholzkohle, ohne Zusätze
- in etwa 40 g Wasser, möglichst destilliert

Auch bei dieser Mischung muss die Masse streichfähig werden. Durch die enthaltene Kohle glimmen die Stäbchen meist etwas länger als ohne Zugabe von Buchenholzkohle.

Die Vorgehensweise ist dieselbe wie bei den vorangegangenen Rezepten.

Gute Stimmung und Reinigungs-Sticks

Gute-Stimmung-und-Reinigungs-Pops

- Palo-Santo-Stäbe aus Ecuador, 10 cm lang und ca. fingerdick

Kräutermischung bestehend aus
- 1/3 Weißer Salbei – *Salvia apiana*
- 2/3 Himalaya-Zeder-Nadeln – *Cedrus deodara*
- 1/8 Saumerio-Peru-Harz – *Dacryodes peruviana* (auch Sahumerio genannt)

- etwas Drachenblut-Harz-Pulver zum Bestreuen
- Joss-Paste

- Das Saumerio-Harz in einem Mörser zerreiben. Salbei und Zedernnadeln zu nicht ganz feinem Pulver zerkleinern und mit dem Harz mischen.
- Die Palo-Santo-Stäbe mit der Joss-Paste zu zwei Dritteln bestreichen und in der Kräutermischung wälzen. Ein klein wenig Drachenblut-Pulver darüberstreuen.
- Die fertig gedippten Palo-Santo-Stäbe werden auf einem Trockenbrett zum Trocknen ausgelegt oder mit einer Schnur aufgehängt.

REZEPT

FLYING MOSQUITO

Sommerduft statt Stichalarm – mit Palo Santo zur Mückenabwehr: Räuchern hilft da unglaublich gut.

- Palo-Santo-Stäbe aus Peru, 10 cm lang und ca. fingerdick
- Chrysanthemen-Blütenköpfe – *Chrysanthemum moriflorum*
- Zitronengras – *Cymbopogon citratus*
- etwas Mastix-Tinktur (Seite 94)
- Ringelblumen-Blüten, gezupft – *Calendula officinalis*
- Makko-Paste

Flying Mosquito

- Die Chrysanthemen-Blütenköpfe und das Zitronengras werden zu Pulver vermahlen und gut vermischt. Die Ringelblumenblüten vom Blütenkorb befreien, indem man sie einfach auszupft.

- Das Kräuterpulver und die gezupften Ringelblumenblüten werden auf einem Teller vermischt.

- Nun werden zwei Drittel eines Palo-Santo-Stabes mit Hilfe einer Pipette mit etwas Mastix-Tinktur beträufelt. Etwas antrocknen lassen.

- Anschließend trägt man mit Hilfe eines Löffels die Makko-Paste auf. Zwei Drittel des Stabes sollten gleichmäßig ummantelt sein. Solange die Paste noch feucht ist, wälzt man den Stab in der Kräutermischung.

- Die gedippten Palo-Santo-Hölzer werden auf einem Trockenbrett ausgelegt und für ein paar Tage getrocknet.

TEIG FERMENTIEREN

Während meines Studiums der Räucherwerkherstellung bin ich über die japanische Künstlerin und Räuchermeisterin Eriyo Watanabe gestolpert (Watanabe, 2022–2023). Durch sie habe ich erstmals von *Fermented Incense* gehört. Sie verwendet frische botanische Materialien neben klassischen Bestandteilen wie Adlerholz und Sandelholz, aber auch Harzen und Honig. Ihre Produkte durchlaufen den Prozess der Fermentation und Reifung, der sogar ein paar Jahre in Anspruch nehmen kann.

Die Idee ihrer Arbeit geht vermutlich auf die traditionelle Geschichte der japanischen Räuchertraditionen zurück. In der Hei-an-Zeit (794–1185) erfreute sich loses Pulver als Räucherwerk besonders großer Beliebtheit in Japan. Es wurden Wettbewerbe abgehalten und aufwendiges Räucherwerk hergestellt, für jede Jahreszeit wurde ein anderes Räucherwerk kreiert. Es gab die sechs Kategorien des Takimono. Dabei kamen sehr teure Materialien zum Einsatz. Hauptsächlich Adlerholz, welches bis zu 50 % enthalten sein konnte, und Moschus mit bis zu 6 %. In der Muromachi-Zeit (ca. 14.–16. Jahrhundert) setzten sich Kōdō und Neri-koh durch (Nakata, 1999–2001). Dabei handelte es sich um geknetetes Räucherwerk, bei dem Honig oder Pflaumensaft verwendet wurde. Neri-koh konnte über Monate reifen, bis es verräuchert wurde, indem es auf Asche gelegt wurde. So wie Neri-koh nicht angezündet wird, verhält es sich mit dem Räucherwerk von Eriyo Watanabe (Watanabe, 2022–2023).

Ich habe mir die Idee zunutze gemacht und wollte wissen, ob ich den Räucherteig auch fermentieren kann. Ich habe somit meine eigene Variante des fermentierten Räucherwerks erstellt. Allerdings nicht annähernd wie die Herstellung des Neri-koh.

Fermente

REZEPT

TEIG FERMENTIEREN IN DER PRAXIS

- Man folgt der Herstellung eines Räucherstäbchenteigs mit Holzbindemittel. Dafür verwendet man einen klassischen Räucherteig, den man hergestellt hat, bis zum Schritt des Rastens. Diesen Teig gibt man in eine Plastiktüte und verschließt sie möglichst gut ohne Lufteinschluss.

- Der Teig muss täglich kontrolliert werden.

- Nach 1 oder maximal 3 Tagen gärt der Teig stark. Es können Stäbchen oder Kegel aus dem vergorenen Teig geformt werden. Vor der Verarbeitung knetet man den Teig noch einmal ordentlich durch.

- Mein Räucherwerk darf nach dem Trocknen mindestens 6 Monate reifen. Dann entwickelt sich ein komplexes Duftprofil. Das Ergebnis hat mich sehr überrascht und das Warten lohnt sich.

ANMERKUNG

Beide Rezepte von Goose Pear Tent Incense fermentiere ich äußerst gerne *(siehe Seite 178)**. Die Kombination von Edelhölzern und Quitte als fermentierte Variante ist traumhaft. Ich liebe die hergestellten Stäbchen. Nach ca. 6 Monaten bis zu 1 Jahr haben sich die Aromen wunderbar verbunden.*

BEACHTE

Ich habe mich gewundert, warum beim klassischen Neri-koh keine so große Schimmelgefahr besteht. Das kommt daher, dass im Teig kein Wasser enthalten ist. Das im Honig enthaltene Wasser wird abgedampft. Erst dann wird der Honig als Bindemittel verwendet. Allerdings ist eine gute Überwachung trotzdem empfohlen. Auch die getrockneten Pflaumen enthalten fast kein Wasser und halten den Teig stabil. So kann Neri-koh über Monate feucht lagern und langsam fermentieren, ohne dabei schlecht zu werden.

TIPP

Manche Materialien kann ich schon in Pulverform kaufen. Wieder andere bekomme ich nur in Stücken. Damit ich z. B. Wurzelstückchen oder Holzstückchen auch in der Kaffeemühle kleinbekomme, ohne dass diese sich am Messer verhängen, zerstoße ich sie zuerst im Mörser. Erst dann gebe ich sie in die Kaffeemühle und versuche sie zu zerkleinern.

ZÜNDEN VON RÄUCHERWERK

Bitte beachte, dass das Räucherwerk beim Anzünden etwas länger benötigt und bei Stäbchen oder Kegeln der Kopf gut glühen sollte. Ich verwende gerne einen kleinen Gasbrenner oder eine Kerze, um mein Räucherwerk anzuzünden. Dies hat sich als besonders praktisch erwiesen.

SICHERHEIT UND RISIKEN

Bitte achte auf eine ausreichende Durchlüftung. Nimm Rücksicht auf Kinder, Schwangere oder empfindliche Personen und Haustiere. Diese können besonders duftempfindlich sein.

Behalte das gezündete Räucherwerk im Auge. Sorge dafür, dass eine feuerfeste Unterlage verwendet wird, auf die man das Räucherwerk stellt. Sind etwaige Giftpflanzen enthalten, räuchere im Freien. Sorge dafür, dass das Räucherwerk stabil platziert ist und nicht umfallen kann. Halte Abstand zu leicht brennbaren Materialien. Lass die Glut des Räucherwerks vollständig erlöschen. Vorzeitiges Löschen von Räucherstäbchen und Co. geht einfach, indem man diese mit der Glut voran in ein Sandbett steckt. Eine Räucherzange ist äußerst praktisch, mit ihr kann man das Räucherwerk fassen, ohne sich die Finger zu verbrennen. Leicht brennbare Materialien sollten nicht in der Nähe von glimmendem Räucherwerk stehen. Auch Kinder und Tiere sollten nicht in dessen Nähe kommen, um Verbrennungen zu vermeiden. Sorge für eine sichere Umgebung. Lasse das Räucherwerk nie unbeaufsichtigt.

REZEPTE

Stäbchen, Kegel & Co.

REZEPT

TRAUMTÄNZER

FÜR STÄBCHEN

Traumtänzer entfaltet eine wohlige und sanfte Wärme, die den Körper und Geist wie eine kuschelige Decke umhüllt. Jeder Rauchkringel lädt zum Entspannen ein, zum leisen Träumen zwischen Tag und Nacht. Zudem bereitet Traumtänzer den Weg für eine erholsame und friedvolle Nacht.

Kopfnote/Herznote
- 2 g Echte Lavendelblüten – *Lavandula angustifolia*
- 1 g Gewöhnliches Andornblatt – *Marrubium vulgare*

Basis/Herznote
- 1,4 g Fliegenpilzkappe – *Amanita muscaria*
- 1 g Echtes Johanniskraut-Kraut – *Hypericum perforatum*
- 1 g Damianakraut – *Turnera diffusa*

Stützduft
- 1 g Chinesische Beifußblätter – *Artemisia argyi*

Fixateur/Basisnote
- 2 g Vetiverwurzel – *Vetiveria zizanioides*

Herznote und Fixateur
- 1,6 g Superior Hojar Weihrauch aus Oman 1. Grad – *Boswellia sacra*

Stützstoff
- 2 g Eichenrinde – *Quercus robur*

Basismaterial
- 8 g Weißes Sandelholz – *Santala album*

Bindemittel
- 2 g Joss-Pulver

Flüssigkeit
- Lavendel-Hydrolat

Traumtänzer-Stäbchen

- Alle Kräuter und Hölzer pulverisieren und anschließend sieben – nur das feine Mehl wird verwendet. Nun die benötigte Menge der einzelnen Zutaten abwiegen, in eine Schüssel geben und vermengen. Manche Kräuter wie Andorn und Beifuß ergeben kein Pulver, sondern gleichen eher einer Wolle. Damit die Wolle für Stäbchen brauchbar wird, mahle alles erneut in der Kaffeemühle fein. Ich habe festgestellt, dass man so ein gutes Pulver erhält. Zudem sind dann das Bindemittel sowie alle Kräuter und Hölzer gut durchmischt. Das Pulver kommt zurück in die Schüssel. Das Harz im Mörser fein mörsern. Jetzt gibt man dieses zum Kräuterpulver und vermengt es gut.

- Dann wird eine Spur gezogen. Ist das Ergebnis zufriedenstellend, kann man mit Hilfe einer Pipette nach und nach Wasser hinzufügen, bis ein geschmeidiger Teig entstanden ist.

- Der Teig ist richtig befeuchtet, wenn dieser nicht mehr krümelig ist und keine Teigreste an der Schüssel kleben bleiben. Auf der Unterlage sollten zudem keine nassen Spuren zu sehen sein und die Oberfläche sollte schön glatt und glänzend sein. Es ist wichtig, dass der Teig gut durchgeknetet wird. Damit sich die Aromen gut verbinden, gibt man diesen anschließend in den Mörser und stampft den Teig mit Gefühl durch. 20 Minuten stampfen sollte man einplanen. Da immer recht viel Harz am Mörser kleben bleibt, bekommt man es so auch noch in den Räucherteig.

- Den Teig luftdicht abdecken und idealerweise 2 Stunden oder über Nacht rasten lassen.

- Nach der Reifezeit wird der Teig zu einer Rolle geformt und in den Extruder gepackt. Mit Hilfe des Extruders werden nun Stäbchen hergestellt. Alternativ kann man die Stäbchen auch per Hand rollen. Die fertigen Stäbchen werden auf einem Trockenbrett ausgelegt. Damit sich diese nicht verziehen können, fixiert man sie am besten mit Hilfe einer Holzleiste.

- Die Trockenzeit kann bis zu 1 Woche, je nach produzierter Menge auch etwas länger, dauern. Idealerweise lässt man die Stäbchen dann noch eine Weile reifen. Nach ca. 6 bis 8 Monaten harmonieren die Aromen sehr gut miteinander.

Moosgeflüster

FÜR STÄBCHEN

Moose und Flechten verströmen den Duft von nadelfeuchter Erde und Harze glitzern mit ihrem goldenen Schimmer im Licht. Diese Mischung, wild, rau und erdig, trägt den Hauch des Waldes in sich. Er erzählt von der Kraft des Stillstandes, der uns erdet und rundherum erneuert. Flechten und Moose beschenken uns mit einem erdigen, warmen Duft. Ich liebe diese Kombinationen.

Kopfnote
- 2 g Gemeine Wacholderbeeren – *Juniperus communis*
- 3 g Breu-branco-Harz – *Protium heptaphyllum*

Herznote
- 2 g Schwarzkiefer-Nadeln – *Pinus nigra*
- 2 g Zirbelkiefer-Nadeln – *Pinus cembra*

Basisnote
- 2 g Eichenmoos – *Evernia prunastri*
- 2 g Moos – *Sphagnum* ssp.

Basismaterial
- 2 g Buchenholzkohle, ohne Zusätze
- 6 g Buchenholz – *Fagus sylvatica*

Fixativ
- maximal 2 Tropfen Perubalsam – *Balsamum peruvianum*

Bindemittel
- 2 g Joss-Pulver
- 0,5 g Gummi arabicum

Flüssigkeit
- Wacholder-Hydrolat, optional Wasser destilliert

- Das Harz wird im Mörser fein zerrieben und zur Seite gestellt. Damit diese kleinen Mengen ein gutes Pulver ergeben, kann man genauso gut alle abgewogenen Kräuter und Hölzer sowie das Bindemittel in die Kaffeemühle geben und zu Pulver zerkleinern. Im Anschluss sieben nicht vergessen. Besonders bei Sticks ist dieser Vorgang wichtig. Bei Kegeln darf der Teig ein bisschen gröber sein. Zum Schluss wird das Harz hinzugegeben und gut durchmischt.

- Nach dieser Prozedur wird die Spur gezogen. Nun wird mit etwas Wasser der Teig angerührt. Die 2 Tropfen Perubalsam dazugeben und gut durchkneten. Man gibt so lange Wasser hinzu, bis ein geschmeidiger, glatter Teig entsteht, und knetet diesen eine Weile durch. Im Mörser wird er dann noch eine Weile gestampft, damit sich die Aromen besser verbinden können.

- Nun darf der Teig für ca. 2 Stunden luftdicht abgedeckt ruhen und reifen. Nach dieser Zeit kann man eine Rolle formen und diese in ca. 4,5 g große Stücke einteilen. Anschließend lassen sich per Hand Stäbchen rollen. Dieser Teig ist so stabil, dass man wunderbar von Hand Stäbchen rollen kann, ohne dass man einen Extruder benötigt.

Moosgeflüster-Stäbchen

Nebelkuss-Stäbchen

Nebelkuss

FÜR STÄBCHEN

Zwischen sanften Schwaden des Morgens erwacht langsam die Natur. Der Nebelkuss ist ein Atemzug zwischen Klarheit und Frieden. Es ist ein stiller Gruß aus dem Zwielicht zwischen dem Traumland und dem Erwachen.

Kopfnote
- 2 g Mastix – *Pistacia lentiscus*
- 3 g Copal blanco – *Bursera bipinnata*
- 2 g Weißer Tee – *Camelia sinensis, Pai Mu Tan*

Herznote
- 1 g Salbei – *Salvia officinalis*
- 2 g Rosenblüten – *Rosa* ssp.
- 3 g Beifuß – *Artemisia vulgaris*
- 2 g Pfingstrose – *Peonia flores*

Basisnote
- 1 g Copal oro – *Bursera* ssp.

Basismaterial
- 7 g Buchenholz – *Fagus sylvatica*
- 1,5 g Buchenholzkohle, ohne Zusätze

Bindemittel
- 2 g Joss-Pulver
- 0,5 g Gummi arabicum

Flüssigkeit
- Tee vom Weißen Tee

- Die Harze werden im Mörser zu feinem Pulver vermahlen. Die Kräuter abwiegen, pulverisieren und sieben, um gröbere Stücke zu entfernen. Das Kräuterpulver mit dem Harz in einer Schüssel mischen.

- Nun wird eine Spur gezogen. Bei gutem Ergebnis kann das Wasser nach und nach zum Räucherpulver hinzugefügt werden. Es sollte ein glatter, geschmeidiger, glänzender Teig entstehen.

- Dieser Teig ist ideal für den Extruder. Dafür wird eine Rolle geformt und in den Extruder gepackt. Optional kann man auch die Stäbchen von Hand rollen.

- Die Stäbchen auf ein Trockenbrett legen und trocknen lassen.

FEENZAUBER

FÜR STÄBCHEN

Feenzauber ist eine Duftkombination mit Bernstein und Rose. Sie wirkt wie ein weicher Schleier, balsamisch, harzig und etwas tief. Kardamom und Rosa Pfeffer tanzen wie funkelnder Tau. *Litsea* lässt die Luft erblühen wie ein sanftes Lächeln.

Kopfnote
- 1 g Rosa Pfeffer – *Schinus terebinthifolia*
- 5 Tropfen *Litsea cubeba* ätherisches Öl

Herznote
- 1 g Tonkabohnen – *Dipteryx odorata*
- 3 g Rosenblüten – *Rosa* ssp.

Basisnote
- 3 g Bernstein, Amber
- 1,5 g Kardamom, schwarz – *Amomum subulatum*

Fixativ
- 1 g Iriswurzel in Stücken – *Iris germanica* oder *Iris florentina*

Basismaterial
- 6 g Rotes Sandelholz – *Pterocarpus santalinus*

Bindemittel
- 2 g Joss-Pulver
- 0,5 g Gummi arabicum

Flüssigkeit
- Rosen-Hydrolat

- Den Bernstein im Mörser zu Pulver zerreiben. Rosa Pfeffer, Tonkabohnen, Kardamom und die Iriswurzel ebenfalls im Mörser zerkleinern. Ich gebe auch hier alle trockenen Zutaten bis auf die Harze nochmal in die Kaffeemühle. Anschließend wird die Mischung gesiebt und die Harze können ergänzt werden.

- Eine Spur ziehen nicht vergessen. Ist diese erfolgreich, gibt man nach und nach etwas Wasser dazu, bis ein geschmeidiger, glatter, glänzender Teig entsteht. Er sollte nicht mehr bröseln oder am Schüsselrand kleben bleiben. Nun kann man das ätherische Öl einarbeiten. Ist dies erledigt, knetet man den Teig eine Weile. Danach kommt er in den Mörser und wird gestampft, damit sich die Aromen verbinden.

- Im weiteren Schritt lässt man den Teig luftdicht abgedeckt ruhen. Idealerweise für ca. 2 Stunden oder länger.

- Dieses Rezept eignet sich für den Extruder. Die fertigen Stäbchen werden auf dem Trockenbrett für ca. 14 Tage getrocknet.

Feenzauber-Stäbchen

GÖTTERDÄMMERUNG

FÜR STÄBCHEN

Mit dem letzten Lichtstrahl neigt sich der Tag dem Ende zu. Leichter Nebel umspielt und wabert am Waldboden. Düfte von Weihrauch und Habichtskraut umspielen die Sinne. Angelika und Zypresse reinigen und klären den Geist. Kampfer schärft den Blick und belebt die Luft.

Kopfnote
- 0,3 g Kampfer – *Cinnamomum camphora*
- 2 g Knolliges Zyperngras – *Cyperus rotundus* (Nagarmotha Pulver)

Herznote
- 3 g Kleines Habichtskraut – *Hieracium pilosella*
- 2 g Wald-Angelika – *Angelica sylvestries*

Herz/Basisnote
- 3 g Amber Hojari 2. Grad Weihrauch Oman – *Boswellia sacra*

Fixativ/Basisnote
- 2 g Sal-Dhop Harz – *Shorea robusta*

Basismaterial
- 2 g Atlas-Zedernholz – *Cedrus atlantica* – Pulver
- 4 g Buchenholz – *Fagus sylvatica* – Pulver
- 1 g Eichenrinden-Pulver – *Quercus robur*
- 2 g Buchenholzkohle, ohne Zusätze – Pulver

Bindemittel
- 2 g Joss-Pulver
- 1 g Makko-Pulver
- 0,5 g Gummi arabicum

Flüssigkeit
- 5 g Lärchen-Tinktur – *Larix decidua*
- Wasser, destilliert

- Alle Harze wie Kampfer, Sal-Dhop und Weihrauch im Mörser zu Pulver zerreiben und auf die Seite stellen.

- Alle abgewogenen Pflanzenmaterialien samt Binder und Basismaterialien in der Kaffeemühle zu Pulver verarbeiten und sieben.

- Anschließend wird die Spur gezogen. Nach dem Spurziehen kann die Tinktur unter die Pulvermischung gerührt werden. Nach und nach gibt man Wasser dazu, bis ein geschmeidiger, glatter, glänzender Teig entsteht. Er sollte nicht mehr bröseln oder am Schüsselrand kleben bleiben. Ist dies der Fall, knetet man den Teig für eine ganze Weile weiter. Danach kommt er in den Mörser und wird gestampft, damit sich die Aromen verbinden können.

- Nun lässt man den Teig luftdicht abgedeckt ruhen. Idealerweise für mindestens 2 Stunden.

- Dieses Rezept eignet sich sehr gut für den Extruder, um Stäbchen zu formen. Von Hand rollen ist eine weitere Möglichkeit. Auch für Kegel, Kugeln oder Riegel ist dieser Teig ideal.

- Das fertige geformte Räucherwerk auf einem Trockenbrett zum Trocknen auslegen.

Götterdämmerung-Stäbchen

REZEPT

Glasir von Asgard

Für Stäbchen und Kegel

Weißdorn und Apfel flüstern von Lebenskraft und Freude. Der berauschende Duft von Bernstein und Myrrhe zieht über die Höhen von Asgard. Schafgarbe und Thymian verbinden sich für wohlige Heilung. Eiche, Buche und Birke tragen den Duft wie stabile Säulen der heiligen Hallen.

Kopfnote
- 2 g Apfel getrocknet – *Malus domestica*

Herznote
- 1 g Eingriffelige Weißdornblüten – *Crataegus monogyna*
- 1,5 g Gemeines Schafgarben-Kraut – *Achillea millefolium*
- 0,5 g Echtes Eisenkraut – *Verbena officinalis*

Basisnote
- 1 g Bernstein – Amber
- 1 g Myrrhe Omumbiri – *Commiphora wildii*

Fixativ
- 1 g Iris-Wurzel – *Iris germanica* oder *Iris florentina*

Basismaterial
- 1 g Birkenrinde – *Betula pendula*
- 8 g Buchenholz – *Fagus sylvatica*

Bindermitte
- 2 g Joss-Pulver
- 1 g Makko-Pulver
- 0,5 g Gummi arabicum

Flüssigkeit
- Rotwein

- Alle Materialien werden abgewogen. Die Harze werden im Mörser zu Pulver zermahlen. Alle anderen Materialien werden in der Kaffeemühle pulverisiert, gesiebt und anschließend mit den Harzen vermischt.

- Spurziehen nicht vergessen. Ist die Brennprobe erfolgreich und die Spur glimmt gut und gleichmäßig, kann nach und nach etwas Rotwein beigefügt werden. Es sollte ein weicher, geschmeidiger Teig entstehen. Er sollte nicht mehr bröseln oder am Schüsselrand kleben bleiben. Der Teig wird gut geknetet. Danach kommt er in den Mörser und wird gestampft, damit sich die Aromen verbinden.

- Nun lässt man den Teig luftdicht abgedeckt ruhen. Idealerweise für mindestens 2 Stunden.

- Der Teig lässt sich zu Stäbchen und Kegeln verarbeiten. Das fertige geformte Räucherwerk auf einem Trockenbrett zum Trocknen auslegen.

Glasir von Asgard – Stäbchen und Kegel

Rising Luna oder Máni's Erwachen

Für Stäbchen und Kegel

Wenn Máni, der Mond, erwacht, herrscht er über Neu- und Volllicht. Er wird begleitet von Bil und Hjuki, während silbernes Licht über unsere Welt tanzt und Schatten im Rauch spielen. Stetig verfolgt von Hati, dem Wolf, entflieht Máni und schenkt uns für seine Zeit einen sanften Schimmer am Himmel der Nacht.

Kopfnote
- 3 g Echte Jasminblüten – *Jasminum officinale*
- 0,5 g Blaue Lotusblüten – *Nymphaea caerulea*

Herznote
- 1 g Kalmuswurzel – *Acorus calamus*
- 0,5 g Echter Galgantwurzel – *Alpinia officinarum*
- 0,5 g Sandarak – *Tetraclinis articulata*
- 1 g Manila-Copal-Harz – *Agathis philippinensis*
- 1 g Türkische Mohn-Blütenblätter – *Papaver orientale*

Basisnote
- 4 g Weißes Sandelholz – *Santala album*

Basismaterial
- 7 g Buchenholz – *Fagus Sylvatica*
- 1 g Eichenrinde – *Quercus robur*

Bindemittel
- 2 g Joss-Pulver
- 1 g Makko-Pulver
- 0,5 g Gummi arabicum

Flüssigkeit
- Jasmin-Hydrolat, optional vom Bauern-Jasmin

- Alle Materialien werden abgewogen. Die Harze werden im Mörser zu Pulver zermahlen. Alle anderen Materialien werden in der Kaffeemühle zerkleinert, gesiebt und anschließend mit den Harzen vermischt.

- Nun folgt der Schritt des Spurziehens. Ist die Brennprobe erfolgreich und die Spur glimmt gut und gleichmäßig, kann nach und nach etwas Wasser beigefügt werden. Es sollte ein weicher, geschmeidiger Teig entstehen. Er sollte nicht mehr bröseln oder am Schüsselrand kleben bleiben. Ist dies der Fall, knetet man den Teig eine ganze Weile. Danach kommt er in den Mörser und wird gestampft, damit sich die Aromen verbinden.

- Nun lässt man den Teig luftdicht abgedeckt ruhen. Idealerweise für mindestens 2 Stunden.

- Auch dieses Rezept ist für Kegel und Stäbchen geeignet. Das fertig geformte Räucherwerk wird auf dem Trockengitter für ca. 14 Tage getrocknet.

Rising Luna oder Máni's Erwachen – Stäbchen und Kegel

REZEPT

CIRCE – DIE VERFÜHRERIN

FÜR KEGEL

Hier haben wir eine Mischung aus Verlockung, Geheimnis und uralter Magie. Wenn man den Pfad betritt, weist einen der Weg in die verborgenen Sphären. Dunkel, klärend und warm umhüllt einen der Atem der Verführung.

Kopfnote
- 1,5 g Rote Lotusblüten – *Nymphaea lotus rubra*
- 0,5 g Fliegenpilz – *Amanita muscaria*

Herznote
- 3 g Großes Hexenkrautkraut – *Circaea lutetiana*
- 1,5 g Gemeine Wacholderbeeren – *Juniperus communis*
- 1 g Gewöhnliches Beifußkraut – *Artemisia vulgaris*

Basisnote/Fixativ
- 1,5 g Guajakharz – *Guaiacum officinale/sanctum*-Tinktur

Basismaterial
- 10 g Buchenholz – *Fagus sylvatica*
- 2 g Buchenholzkohle, ohne Zusätze

Bindemittel
- 2 g Joss-Pulver
- 0,5 g Gummi arabicum

Flüssigkeit
- Tee vom Roten Lotus

Circe-Kegel

- Das Guajakharz in etwas Weingeist lösen. Im Verhältnis 1:2 bedeutet das, dass 10 g Harz in ca. 20 ml Weingeist gelöst werden.

- Kräuter, Holz und Binder werden nach dem Abwiegen in der Kaffeemühle zu sehr feinem Pulver verarbeitet. Wenn alle Zutaten schön zerkleinert und ein feines Pulver entstanden ist, sieben und anschließend eine Spur ziehen.

- Nach dem Spurziehen kann man die Harztinktur zur Mischung geben und gut verrühren. Nach und nach gibt man Wasser dazu, bis ein geschmeidiger, glatter Teig entsteht. Er sollte nicht mehr bröseln oder am Schüsselrand kleben bleiben. Wie immer den Teig für eine ganze Weile kneten. Danach kommt er in den Mörser und wird gestampft, damit sich die Aromen verbinden. Man kann beobachten, dass der Teig immer geschmeidiger wird.

- Nun lässt man den Teig luftdicht abgedeckt ruhen. Idealerweise für ca. 2 Stunden oder länger.

- Der Teig ist gut formbar für kleine Kegel mit ca. 4 g oder 5 g pro Stück.

- Als Finish für diese Kegel habe ich Pulver vom Roten Lotus verwendet.

- Die Kegel trocknen schneller und brennen besser, wenn man ein Loch in den Kegelboden bohrt. Die fertigen Kegel auf einem Trockenbrett zum Trocknen auslegen.

REZEPT

Mielikkis Reich

Für Kegel

Mielikki ist die fröhliche, immer lächelnde finnische Göttin der Wälder und der Jagd. Ihre Anhänger waren Sprachrohre der Vegetation. Sie unterrichteten die Bevölkerung, sich besonders gut um die Natur zu kümmern. Wenn man gut zuhört, kann man Mielikkis Stimme im Flüstern der Blätter und wehenden Zweige wahrnehmen. Diese Rezeptur ist meine Erinnerung an eine einzigartige Zeit in Finnland.

Kopfnote
- 3,2 g Birkenblätter – *Betula pendula*
- 3 g Rot-Föhrennadeln – *Pinus sylvestries*
- 1,5 g Elemi-Manila-Harz – *Canarium luzonicum*

Herznote
- 0,5 g Bartflechte – *Usnea barbata*
- 1,8 g Besenheide Blüten – *Caluna vulgaris*

Basisnote
- 1 g Chaga – *Inonotus obliquus* (auch als Brennhilfe)
- 1 g Birkenrinde – *Betula pendula* (auch als Brennhilfe)

Fixativ
- 1 Tropfen Birkenteer – *Betula pendula*

Basismaterial
- 2 g Buchenholz – *Fagus sylvatica*
- 1 g Buchenholzkohle – ohne Zusätze

Bindemittel
- 5 g Makko-Pulver

Flüssigkeit
- Sturmwasser (alternativ gutes Quellwasser)

- Das Elemi-Harz wird im Mörser zu Pulver verarbeitet. Ist das Harz besonders weich, kann man es vor der Verwendung einfrieren. Nun lässt es sich problemlos zu Pulver vermahlen. Das Pulver auf die Seite stellen.

- Alle anderen Pflanzenmaterialien werden separat zu Pulver verarbeitet und gesiebt. *Usnea barbata* lässt sich sehr schwer zu Pulver verarbeiten. Hier ist es hilfreich, wenn man alle Zutaten abwiegt, gut mischt und wie gehabt ein weiteres Mal in die Kaffeemühle gibt und fein zerkleinert. Ich siebe das Pulver in eine Schüssel und das pulverisierte Harz wird untergemengt.

- Nun wird die Spur gezogen, bitte vergiss diesen Schritt nie! Erst danach wird der Birkenteer dazugeben und nach und nach etwas Flüssigkeit eingearbeitet. So lange kneten, bis ein geschmeidiger Teig entsteht. Den Teig im Mörser noch für eine Zeit lang stampfen, anschließen, wie gewohnt, ruhen lassen. Für diese Mischung ist eine Kegelform äußerst hilfreich.

- Nach der Rast wird der Teig in Portionen eingeteilt. Für kleine Kegel reichen ca. 4,5 bis 5 g. Entweder man presst etwas Teig in eine Kegelform oder man formt die Kegel per Hand.

Mielikkis Reich

DRACHENTRAUM

FÜR RIEGEL

Drachen sind die Hüter von Weisheit und Geheimnissen. Sie sind mit innerer Stärke und Transformation verbunden. Selbst die mächtigsten Wesen benötigen Ruhe und eine Möglichkeit des Rückzugs, um ihre Kräfte zu regenerieren.

Kopfnote
- 5 g Zitronengras – *Cymbopogon citratus*

Herznote
- 3 g Drachenbaum-Holz – *Juniperus chinensis* var. *kaizuka*

Basisnote/Basismaterial
- 4 g Palo Santo – *Bursera graveolens*
- 5 g Buchenholz – *Fagus sylvatica*
- 2 g Buchenholzkohle, ohne Zusätze

Fixativ
- je 0,5 g Drachenblut-Harz – *Sanguis draconis* und Benzoe-Siam-Harz – *Stayrax tonkinensis*

Bindemittel
- je 1 g Joss- und Makko-Pulver
- 0,5 g Gummi arabicum

Flüssigkeit
- Wasser, destilliert

- Die Bindemittel in einem Schälchen mischen. Die Harze im Mörser zu Pulver verreiben.
- Alle restlichen Zutaten in der Kaffeemühle zu einem sehr feinen Pulver verarbeiten und in eine Schüssel sieben. Hierbei muss das Holz nicht ganz fein sein.
- Bindemittel und Harzpulver zum gesiebten Pflanzenpulver geben und gut unterarbeiten. Nun kommt der Schritt des Spurziehens. Erst dann wird nach und nach Wasser untergemengt, bis ein Teig entsteht, der nicht mehr bröselig ist oder am Schüsselrand klebt. Unbedingt im Mörser stampfen. Dieser Vorgang ist bei diesen Zutaten besonders wichtig. Der Teig wird etwas stabiler, da die verwendeten Hölzer nicht so leicht Wasser aufnehmen können.
- Anschließend in vier Teile teilen und Riegel formen. Zum Trocknen auf ein Trockenbrett legen.

ANMERKUNG

Drachenbaum-Holz harmoniert wunderbar mit anderen Dufthölzern, weshalb ich es mit Palo Santo kombiniert habe. Beide Hölzer sind sehr harzreich und nehmen die verwendete Flüssigkeit schlecht auf. Das zeigt sich dadurch, dass der Teig etwas bröselig bleibt. Zudem ist das Holz nicht leicht zu bekommen. Man könnte es durch „Santala album" ersetzen.

Drachenbaumzweige gibt es manchmal vor Weihnachten im Gartenhandel. Nadeln und Holz lassen sich zum Räuchern verwenden. Auf Weihnachts- und Mittelaltermärkten findet man hin und wieder auch den ein oder anderen Räucherschatz. Auch im Urlaub oder in exotischen Geschäften entdeckt man hin und wieder schöne Räucherzutaten.

Die Riegel in diesem Rezept sind recht harzreich und man benötigt eine gute Unterlage. Flecken beim Verglimmen sind möglich. Ich lege beim Verräuchern gerne ein Stück von den Riegeln auf einen Stein.

Drachentraum-Riegel

FEHLERQUELLEN

Sollte tatsächlich etwas missglücken, entsorge das Material auf keinen Fall. Folgende Möglichkeiten hat man:

Das Räucherwerk brennt nicht ab.
Es könnte zu wenig Holz in der Rezeptur enthalten sein. Gummibindemittel und zu viel Harz können das Problem verursachen. Gummibinder, wie Gummi arabicum, können Probleme bereiten – zu viel davon und das Räucherwerk glimmt nicht. Zudem ist es wichtig, das Mischverhältnis einzuhalten. Ein Gramm einer Zutat zu viel kann die Rezeptur beeinträchtigen. Ein aromatisches Holz wie Palo Santo kann einen Strich durch die Rechnung machen. Insbesondere wenn es sich um eine hochwertige, harzhaltige Qualität handelt.

Man hat vergessen eine Spur zu ziehen.
Das passiert mir hin und wieder selbst.

Man hat vergessen das Pulver zu sieben.
Es wurde zu grobes Material verwendet. Alle Materialien sollten eine gleichmäßige, sehr feine Partikelgröße aufweisen.

Das Räucherwerk glimmt nicht selbstständig runter.
Entweder legt man das Räucherwerk auf Kohle und verräucherst es so. Kegel oder Kugeln lassen sich über dem Räuchersieb verglimmen, auch wenn zu viel Binder enthalten ist. Die Hitzequelle von unten hilft dabei enorm.

Überprüfe das Rezept, stimmt die Prozentverteilung und wurde alles richtig berechnet? Meistens bemerkt man, dass man doch zu viel Harz verwendet hat oder es kam spontan noch ein Kraut dazu. Bei selbstbrennbarem Räucherwerk sind das keine verzeihenden Fehler. Oft reicht es schon aus, wenn der Holzanteil erhöht wird. Die Zugabe von etwas Buchenholzkohle kann das Brennverhalten wesentlich verbessern.

Bei Kegeln, Kugeln sowie Riegeln kann zu grobes Material wiederum das Glimmen unterdrücken, denn der Teig ist oft recht dick und es kann kaum Sauerstoff hinzukommen. Bei Kegeln empfiehlt es sich, ein Loch in den Kegelboden zu bohren. Kugeln können aus etwas gröberem Holz hergestellt werden und der Teig sollte nicht zu fest gepresst werden.

Arbeitet man mit Pilzen, können sie die Ursache für ein schlechtes Abbrennen sein. Viele Pilze brennen sehr schlecht und müssen sehr niedrig dosiert werden. Ausnahmen sind der Zunderschwamm und der Chagapilz.

Auch harzhältiges Holz kann das Brennverhalten beeinträchtigen. Verwendet man sehr viel davon und zusätzlich weitere Harze, ist das oft der Grund für ein schlechtes Glimmen. Korrigieren lässt sich das am besten, wenn das Räucherwerk pulverisiert wird. Man gibt etwas Holz oder Buchenholzkohle hinzu. Ergänze auch etwas Holzbinder, siebe das Pulver und ziehe auf alle Fälle eine Spur, bevor ein polares Lösungsmittel hinzukommt.

Das Trocknen des Räucherwerks kann herausfordernd sein.
Ist die Luftfeuchtigkeit zu hoch, kann es zu Schimmelbildung kommen oder es trocknet sehr lange. Ein zu frühes Anzünden durch ungeduldiges Verhalten ist nicht selten. Ist die Luftfeuchtigkeit bei der Lagerung zu hoch, kann das Räucherwerk wieder feucht werden und brennt dann schlecht.

Das Räucherwerk hält nicht zusammen.
Vermutlich ist bei diesem Problem zu wenig Bindemittel enthalten oder es wurde das falsche Bindemittel verwendet. Überprüfe das Rezept, ob mehr Bindemittel verwendet werden kann. Achte darauf, ob das Rezept für die gewünschte Form geeignet ist.

Das Stäbchen glimmt wunderbar, der Kegel aus demselben Teig nicht.
Hierfür gibt es unterschiedliche Ursachen. Zum einen kann der Teig zu dicht sein und es kommt zu wenig Sauerstoff dazu. Es kann helfen, etwas gröberes Holz mit in den Teig zu mischen oder etwas Buchenholzkohle ohne Zusätze zu verwenden. Bei diesen kleinen Teigresten knete ich einfach etwas Buchenholz hinein. Meistens brennen die Kegel anschließend ohne Probleme ab.

Über die Autorin

Meine Leidenschaft für Kräuter, Naturheilkunde und altes Wissen begleitet mich schon seit meiner Kindheit. Als geprüfte Kräuterexpertin teile ich mein Wissen und meine Erfahrungen mit anderen. Auf meiner Webseite *www.naturzumwohlfuehlen.com* teile ich seit 2013 mein Wissen über Kräuter und Botanik, Naturkosmetik sowie Rezepte und natürlich auch über das Räuchern. Für mich ist das Räuchern weit mehr als nur das Verbrennen von Pflanzenteilen – es ist eine sinnliche Erfahrung, die Körper, Geist und Seele berührt.

Neben meiner Tätigkeit als Bloggerin und Autorin bin ich auch Artisan Incense Crafter – ich stelle mit viel Sorgfalt und Liebe zum Detail mein handgefertigtes Räucherwerk her. Ich verbinde traditionelles Wissen mit hochwertigen natürlichen Zutaten, um besondere und individuelle Räuchermischungen zu kreieren, die die Sinne ansprechen und eine tiefgehende Wirkung entfalten. Meine große Leidenschaft ist das Experimentieren und Kombinieren von Düften.

Darüber hinaus gebe ich Kräuterführungen, halte Vorträge und Workshops zu Kräuterthemen und bin als Kräuterreferentin tätig. Mein Ziel ist es, altes Volkswissen lebendig zu halten und Menschen dabei zu helfen, die Schätze der Natur wiederzuentdecken, und das alte Wissen mit neuesten Erkenntnissen zu kombinieren.

Dieses Buch ist eine Herzensangelegenheit für mich. Ich möchte dir zeigen, wie du dein eigenes Räucherwerk herstellen kannst – mit natürlichen Zutaten, selbst zusammengestellten Mischungen und viel Liebe zum Detail.

BEZUGSQUELLEN

Räucherrohstoffe

Auf *Etsy.com* findet man so ziemlich alles, was das Herz begehrt. Es gibt wunderbare Händler, die alle Arten von Bindemitteln, Harzen und Räucherstoffen anbieten.

Ansonsten gibt es so viele wunderbare Räucherrohstoffhändler in Deutschland, Österreich und der Schweiz.

Adlerholz

Weihrauchwelt.de

Weihrauchharz

Räucherwelt.de, Levona-weihrauch.at

Besonderheiten und ausgefallene Harze

Rauchtum.de, Jarguna.com, Maienfelser-naturkosemtik.de

Joss-Pulver

Räucherwelt.de, Sonnenlicht.de, Rauchtum.de

Makko-Pulver

RäucherWelt.ch, Padmini.ch, Tierrazen.com

Tragant-Gummi-Pulver

Kremer-Pigmente.com, Dragonspice.de

Sandelholz Weiß

Muenchner-Kraeutergarten.com, Flohsamen-opc-tee-gerstengras-online-bestellen.de

Palo Santo

mein-Palo Santo.de

Mica-Plättchen, Japanische Räucherkohle, Japanische Räucherasche

Räucherwerk-Shop.de

Kräuter

Herbathek.com, Dragonspice.de, Kopfnote.at

Räucherwerk von Duftkünstler

Naturreich.at, Laumishuok.lt, SinediIncense auf Etsy, naturzumwohlfuehlen.com, Räucherwelt.de

LITERATURVERZEICHNIS

ALURI, J. S. (10. 11 2002). Reasesarchgate. Von https://www.researchgate.net/publication/258987924_Pollination_ecology_of_the_Red_Sanders_Pterocarpus_santalinus_Fabaceae_an_endemic_and_endangered_tree_species abgerufen

BATE, G. M. (1694). Pharmacopoeia Bateana: or, Bates Dispensatory. (The Third Edition Ausg.). (M. J. Shipton, Übers.) London, UK: Printed for S. Smith and B Walford. Abgerufen am 29. 09 2025

BEDINI, S. A. (1994). The Trail of Time - Time measurement with incense in East Asia. Cambridge, UK: Cambridge Universitiy Press. Abgerufen am 29. 09. 2025

BORO, P., & Singh, B. (14. 09 2024). Journaljisrr. Von https://journaljsrr.com/index.php/JSRR/article/view/2420? abgerufen

CHEMIE.DE. von https://www.chemie.de/lexikon/R%C3%A4ucherkerzchen.html abgerufen

CHIANG, K.-C., & Liao, C.-M. (15. 12. 2006). Sciencedirect. Von https://www.sciencedirect.com/science/article/abs/pii/S0048969706006243?-via%3Dihub abgerufen

DRAGENDORFF, G. (1898). Die Heilpflanzen der verschiedenen Völker und Zeiten: ihre Anwendung, wesentlichen Bestandteile und Geschichte ein Handbuch für Ärzte, Apotheker, Botaniker und Droguisten. Stuttgart: Ferdinand Enke.

FORDJOUR Eric, C. F. (2023). Chaga mushroom: a super-fungus with countless facets and untapped potential. Rtontiers in Pharmacology.

HUBER, G. (7. 11. 2023). raeucherwelt. Von https://raeucherwelt.de/blogs/wissenswertes/sind-raeucherstabchen-schaedlich abgerufen

JOHANN, K. (2020). Gold der Bäume. Freya Verlag.

LAWRENCE, B. M. (05 2009). Progress in Essential Oils. Parfumer & Flavorist, S. 52–56.

LIU, S. T. (18. 10. 2022). mdpi. Von https://www.mdpi.com/2673-6918/2/4/22 abgerufen

NAKATA, D. O. (1999–2001). Baieido USA. Von Baieido USA: https://www.baieido-usa.com/aloeswood-koh-doh abgerufen

NATIVE American Museum. (25. 01 2021). Von https://nativeamericanmuseum.blogspot.com/2021/01/medicinal-monday-chaga-mushrooms.html? abgerufen

NATURSCHUTZBUND. https://naturschutzbund.at/files/service/newsletter_downloads/075_wandschuesselflechte.pdf abgerufen

NEAL, C. Roll your own. The Incense Dragon.

OLLER, D. (2002). Baieido USA. Von https://www.baieido-usa.com/making-incense-by-david-oller abgerufen

PS Spencer, M. B.-F. (30. 09. 1984). Pubmed.ncbi.nlm.nih.gov. Von https://pubmed.ncbi.nlm.nih.gov/6474483/ abgerufen

RAKESH Kumar, N. A. (04. 08 2015). Researchgate. Von https://www.researchgate.net/publication/282638998_Phytochemistry_and_Pharmacology_of_Santalum_album_L_A_Review abgerufen

SAGNAY, O., Valeria, J., Lema, Y., Hernán, L., Moran, R., & Michael. (2021). Space Espol Edu. Von https://www.dspace.espol.edu.ec/handle/123456789/52078 abgerufen

SCHNEIDER, M. (19. 03 2018). Natur zum Wohlfühlen. Von https://naturzumwohlfuehlen.com/2018/03/19/tonic-water-selfmade/ abgerufen

SCHNEIDER, M. (21. 03. 2023). Natur zum Wohlfühlen. Von https://naturzumwohlfuehlen.com/2023/03/21/sangre-de-drago-drachenblut/ abgerufen

SCHNEIDER, M. (09. 01. 2024). Natur zum Wohlfühlen. Von https://naturzumwohlfuehlen.com/2024/01/09/goose-pear-tent-incense-ein-duftendes-meisterwerk-aus-der-antike/ abgerufen

SCHNEIDER, M. (24. April 2024). Natur zum Wohlfühlen. Von https://naturzumwohlfuehlen.com/2024/04/24/friars-balsam/ abgerufen

SULLIVAN, C. (23. September 2016). link.springer. Von link.springer.com/article/10.1007/BF03374182 abgerufen

TIANXIAO Lia, Z. Q. (16. 01 2022). Arabjchem. Von https://arabjchem.org/biodiversity-and-application-prospects-of-fungal-endophytes-in-the-agarwood-producing-genera-aquilaria-and-gyrinops-thymelaeaceae-a-review/ abgerufen

TIAN-YE Du, C.-J. D.-R. (14. 02 2022). Mdpi. Von https://www.mdpi.com/1424-2818/14/3/211? abgerufen

WATANABE, E. (2022-2023). Arts-Wellness. Von https://www.arts-wellness.com/renshin-school-of-incense/ abgerufen

XIAOGUANG Yan, S. D. (08. 08 2024). Pmc.ncbi.nlm.nih.gov. Von https://pmc.ncbi.nlm.nih.gov/articles/PMC11352278/? abgerufen

YADAV, V. K., Malik, P., Tirth, V., Khan, S. H., Yadav, K. K., Islam, Jeon, B.-H. (2022). Health and Environmental Risks of Incense Smoke: Mechanistic Insights and Cumulative Evidence. Journal of Inflammation Research, 29.

YEN, M. (04. Nov. 2022). Kinobjects. Von https://kinobjects.com/blogs/news/chinese-incense-history-golden-middle-ages-song-yuan-dynasties abgerufen

Bildnachweise: Adobe Stock ©: KERN: S.3, 43, 44, 53, 79, 129, 144, 197, 200, 204, 206, 208, 210, 213, 214 Olga Moonlight (Rauch-Illustration) / S. 24 Orange Dragon Studio / S. 28 vadarshop / S. 29 wasanajai / S. 34 detry26 / S. 123 Tatillu